电力调度自

员工作业一本通

厂站接入

主　编　毛南平

副主编　葛军凯　王　谊　李丰伟

参　编　范黎敏　陈利跃　王吉庆　戚　军　吴设军　章杜锡
　　　　张霁明　盛海静　邬航杰　卢　恒　李　力　江　昊
　　　　杨　翔　谢　宏　马国粱　张　锋　周　洋　周　行
　　　　周　飞　林　超　张　莺

中国电力出版社
CHINA ELECTRIC POWER PRESS

图书在版编目（CIP）数据

电力调度自动化员工作业一本通. 厂站接入 /《电力调度自动化员工作业一本通》编委会组编. —北京：中国电力出版社，2016.1（2020.2 重印）
ISBN 978-7-5123-8624-2

Ⅰ. ①电… Ⅱ. ①电… Ⅲ. ①电力系统调度–调度自动化系统 Ⅳ. ①TM734

中国版本图书馆CIP数据核字（2015）第 287620 号

中国电力出版社出版、发行
（北京市东城区北京站西街 19 号 100005 http://www.cepp.sgcc.com.cn）
三河市万龙印装有限公司印刷
各地新华书店经售
*
2016 年 1 月第一版 2020 年 2 月北京第二次印刷
787 毫米 × 1092 毫米 32 开本 4 印张 88 千字
印数 3001—4000 册 定价 **35.00** 元（含 1CD）

内容提要

本书为“电力调度自动化员工作业一本通”丛书之一，以新建变电站接入调度自动化系统的维护工作为主线，详细讲述了新建厂站接入工作的各流程环节的作业内容、作业标准、安全措施及常见故障等知识点，主要内容分为前期准备、数据维护、信息联调、投产启动和典型案例五部分。

本书图文并茂、通俗易懂，既可作为专业运维人员日常工作用书，也可作为相关工作人员的参考书。

本书编委会

前 言

电力调度自动化系统是电网调度、监控人员的眼睛和手臂，是调控部门科学调度的依据。在电网故障状态下，通过调度自动化系统能够实现快速隔离电网故障、恢复供电的目的，同时为调控部门对电网方式的调整提供第一手数据依据，充分保障电网的安全、稳定、经济运行。针对目前电力调度自动化系统的“一体化”新发展模式，为了规避系统运维过程中的安全风险和提高员工对系统的操作规范性，组织一批具有扎实理论基础和丰富实践经验的系统运维人员编写了“电力调度自动化员工作业一本通”丛书。

本书为“电力调度自动化员工作业一本通”丛书之一，着重从专业运维的角度出发，以新建、扩建、改建变电站接入调度自动化系统的维护工作为主线，列举了资料收集、数据录入、通道配置及信息联调等方面的作业内容和工作流程，并提出各流程环节的作业标准和技术要点，以规避运维人员在调度系统自动化运维过程中因误操作而产生的安全风险，具有很强的实用性。

本书由国网宁波供电公司和国网宁波市鄞州区供电公司组织编写，以宁波电网地县调控一体化系统的建设与维护工作为实例，不断提炼、总结，历经一年时间编写完成。本书在编写过程中，得到了相关单位及专家的大力支持，在此致以诚挚的感谢！

由于编者水平有限，疏漏之处在所难免，恳请各位领导、专家和读者提出宝贵意见。

本书编写组

2015 年 10 月

目录

前言

第一部分 前期准备

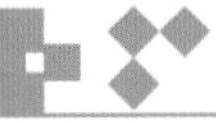

第二部分 数据维护

第三部分　信息联调

第四部分　投产启动

第五部分 典型案例

附录 书中常用不规范术语与规范术语对照表

第一部分

前期准备

1 2 3 4 5

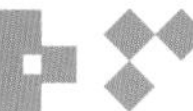

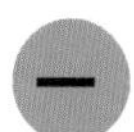

一 作业前资料准备

（1）参加投产启动会议，以会议纪要形式明确建库时间、信息联调时间等。

国网 XX 供电公司工程协调会议纪要

110 千伏 XXX 扩建工程协调会纪要

（2）收集由调度运方部门编制签发的正式设备调度命名。

国网 XXX 电力公司 XX 供电公司部室文件

电力调度控制中心关于印发 110 千伏 XXXX、XXX 扩建工程设备命名及调度管辖范围划分的通知

（3）收集由调度运方部门绘制签发的正式变电站一次接线图。

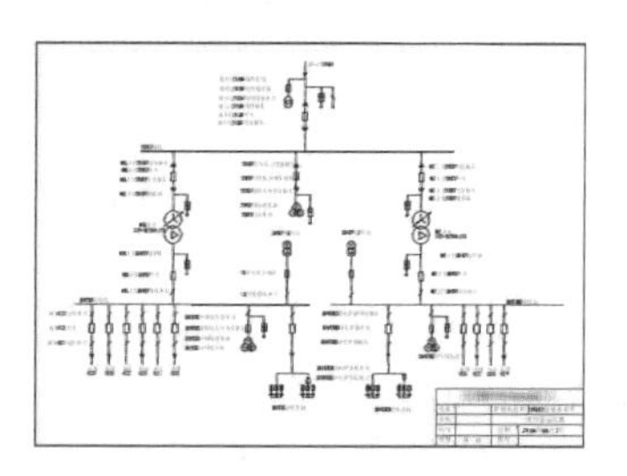

（4）收集由调度自动化部门审核签发的变电站信息表和远动参数表。

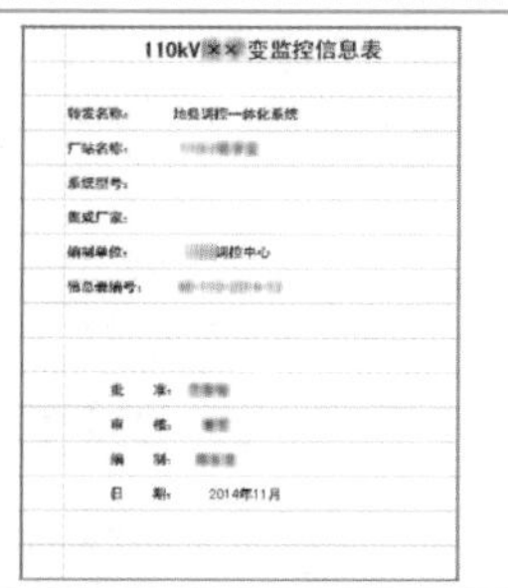

110kV××变监控信息表

调度名称：地县调控一体化系统

厂站名称：

系统型号：

集成厂家：

编制单位：调控中心

信息表编号：

批 准：

审 核：

编 制：

日 期：2014年11月

资料清单

- √ 投产启动会议纪要。
- √ 设备调度命名文件。
- √ 一次接线图。
- √ 信息表。
- √ 远动参数表。
- √ 其它相关资料。

（5）收集主变压器（简称主变）、电容器、线路等设备参数。

	名称	厂站名称	厂站编号	变压器编号	变压器类型	型号	接线方式	容量[MVA]	电压	制造厂	投产日期	短路阻抗UK%(HM)	短路阻抗UK%(HL)	短路阻UK%(M
1	#1主变	[illegible]	194	#1主变	两绕组变	[illegible]	YNd11	31.5	110	[illegible]	[illegible]	[illegible]		
	#2主变	[illegible]	194	#2主变	两绕组变	[illegible]	YNd11	31.5	110	[illegible]	[illegible]	[illegible]		
2	#2主变	[illegible]	195	#2主变	三绕组变	[illegible]	YNd11	50	110	[illegible]	[illegible]	[illegible]	[illegible]	
	#1主变	[illegible]	195	#1主变	三绕组变	[illegible]	YNd11	50	110	[illegible]	[illegible]	[illegible]	[illegible]	
3	#1主变	[illegible]	196	#1主变	三绕组变	[illegible]	YNd11	31.5	110	[illegible]	[illegible]	[illegible]	[illegible]	
	#2主变	[illegible]	196	#2主变	三绕组变	[illegible]	YNd11	31.5	110	[illegible]	[illegible]	[illegible]	[illegible]	
4	#1主变	[illegible]	197	#1主变	三绕组变	[illegible]		50	110	[illegible]	[illegible]	[illegible]	[illegible]	
	#2主变	[illegible]	197	#2主变	三绕组变	[illegible]		50	110	[illegible]	[illegible]	[illegible]	[illegible]	
5	#1主变	[illegible]	198	#1主变	三绕组变	[illegible]		31.5	110		[illegible]	[illegible]	[illegible]	

序号	核对内容	资料核对情况
1	投产启动协调会议纪要	
2	调度命名文件	
3	一次接线图	
4	信息表	
5	通道参数	
6	告警语音文件	
7	遥信导库文件	

核对人（签名）		确认人（签名）		核对日期	

完成相关资料核对

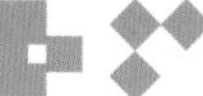

二 工作内容核对

工作内容

√ 核对本次厂站接入工作的内容，明确工作任务。

√ 核对本次厂站接入工作除常规性工作外，是否有其它特殊的工作要求（例如厂站改 / 扩建对自动化信息联调时的安全性有特殊要求）。

√ 核对本次厂站接入工作遥控试验的对象，遥控试验的方式（例如仅做预置、遥控执行不出口、遥控实际出口等）。

三 危险点分析及主要安全措施

1. 数据维护时危险点分析

① 图纸资料与现场怎么不一样。

② 作图画面及信息定义有误引起系统功能异常。

③ 擅自修改、增加、删除跟计划工作无关的信息。

④ 工作步骤有遗漏。

2. 数据维护时的安全措施

工作内容

- √ 详细核对图纸参数。
- √ 加强作图画面及信息定义的校核工作。
- √ 工作中加强监护。
- √ 全面核对所有作业，确保作业的完整性与正确性。

3. 信息联调时危险点分析

① 信息表与厂站版本不一致导致信息有误。

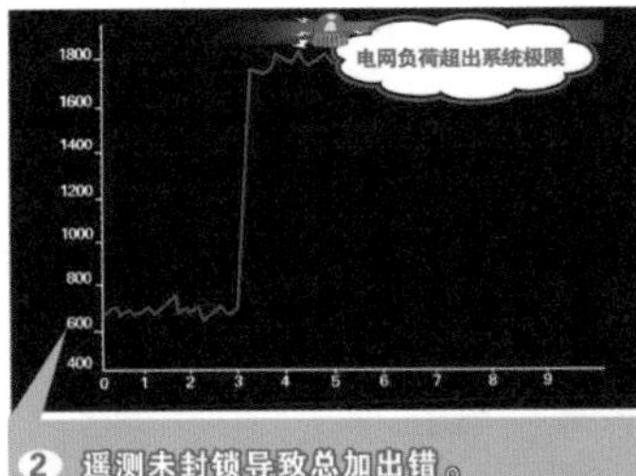

② 遥测未封锁导致总加出错。

③ 遥控号错引起的误控。

④ 设备选错引起的误控。

⑤ 安全措施不到位引起的误控。

⑥ 超计划调试。

4. 信息联调时安全措施

工作内容

√ 详细核对图纸参数。

√ 将作业厂站划入调试责任区，并登录调试责任区。

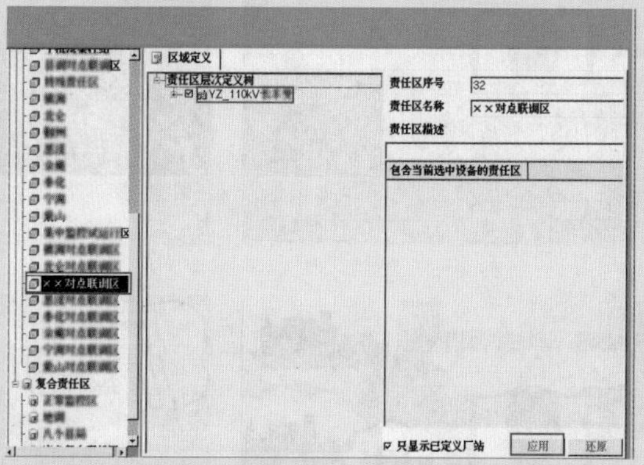

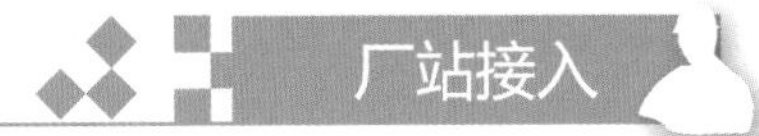

工作内容

√ 涉及总加公式的待试验遥测封锁为0。

√ 注意核对遥控号。

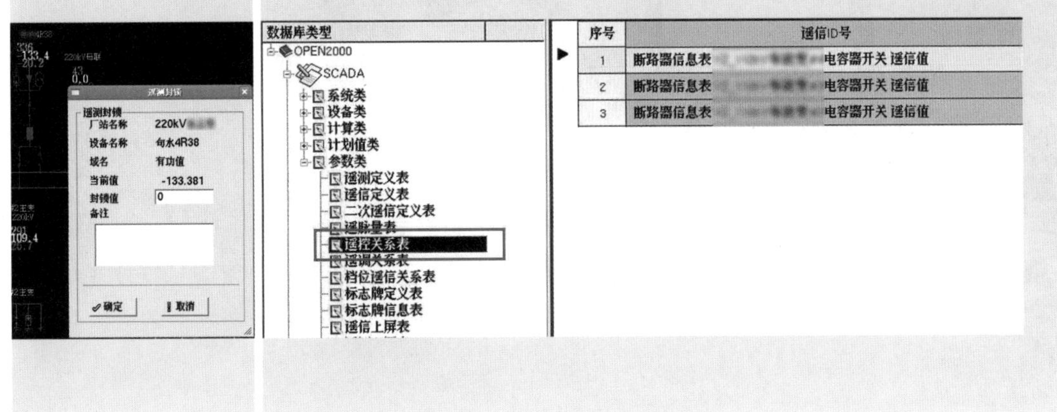

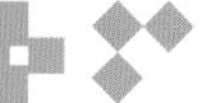

工作中加强监护

工作内容

√ 工作中加强监护。

四 填写工作票与操作票

1. 自动化主站工作票

工作内容

√ 新建（改建 / 扩建）厂站接入应使用自动化主站工作票。

自动化主站工作票（样票）

任务	单位	×××××		编号	××××	
任务	系统名称	OPEN3000 系统		附件		
任务	工作任务及要求	新增××变接入				
工作准备	工作内容	新增××变接入系统，完成厂站定义、前置定义、接线图制作、信息表录入、公式定义等相关作业				
工作准备	工作负责人	×××	工作班成员	×××		
工作准备	计划工作时间	×××	签发人	×××	签发时间	×××
工作准备	注意事项、及安全措施	1、详细核对图纸资料；2、将新增厂站划入调试责任区并登入；3、不得超出计划外作业；4、详细核对作业的完整性与正确性；5、工作中加强监护			实施方案	
许可	调度许可意见		上级自动化许可意见			
许可	工作许可人	×××	许可时间	×××		
工作记录	工作完成情况	已完成新增××变接入系统，包括厂站定义、前置定义、接线图制作、信息表录入、公式定义等相关作业				
工作记录	遗留问题	无				
工作记录	结论意见	已完成新增××变接入系统作业，具备信息联调条件				
工作记录	工作结束时间	×××	工作负责人	×××		
验收	验收意见	工作完成、验收合格				
验收	验收时间	×××	验收人员	×××		
备注						

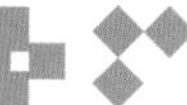

2. 自动化主站操作票

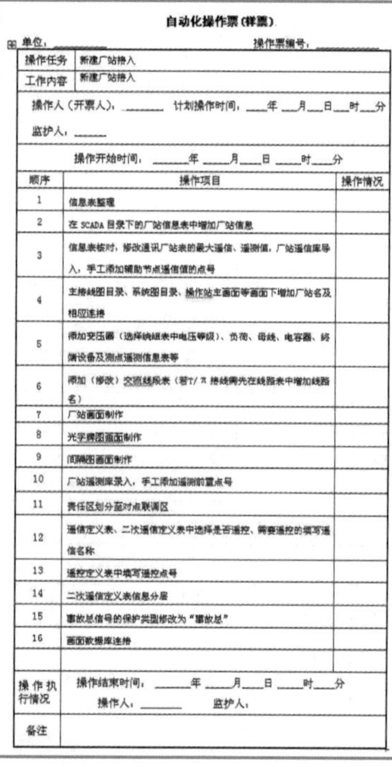

自动化操作票（样票）

单位：________　　　　操作票编号：__________

操作任务	新建厂站接入	
工作内容	新建厂站接入	
操作人（开票人）：______ 计划操作时间：___年 __月__日__时__分 监护人：_____		
操作开始时间：_____年 ____月___日 ____时___分		
顺序	操作项目	操作情况
1	信息表整理	
2	在 SCADA 目录下的厂站信息表中增加厂站信息	
3	信息表核对，修改通讯厂站表的最大遥信、遥测值，厂站遥信库导入，手工添加辅助节点遥信值的点号	
4	主接线图目录、系统图目录、操作站主画面等画面下增加厂站名及相应连接	
5	添加变压器（选择绕组表中电压等级）、负荷、母线、电容器、终端设备及测点遥测信息表等	
6	添加（修改）交流线段表（若T/π 接线需先在线路表中增加线路名）	
7	厂站画面制作	
8	光字牌图画面制作	
9	间隔图画面制作	
10	厂站遥测库录入，手工添加遥测前置点号	
11	责任区划分至对点联调区	
12	遥信定义表、二次遥信定义表中选择是否遥控、需要遥控的填写遥信名称	
13	遥控定义表中填写遥控点号	
14	二次遥信定义表信息分层	
15	事故总信号的保护类型修改为“事故总”	
16	画面数据库连接	
操作执行情况	操作结束时间：_____年 ____月___日 ____时___分 操作人：______　　监护人：	
备注		

工作内容

√ 厂站接入应按自动化主站操作票逐步执行。

五 工作许可及安全交底

1. 工作许可手续

工作内容

- √ 工作许可人详细核对图纸参数，并向工作负责人交代当前调度自动化系统运行状况和注意事项。
- √ 严禁未经许可即开始工作。
- √ 工作许可人为工作负责人办理工作票许可手续，并记录。

工作许可人为工作负责人办理工作票许可手续

工作许可人向工作负责人交代危险点和注意事项

工作许可人在运行日志中记录工作票许可情况

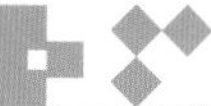

2. 安全技术交底

工作任务、安全措施、技术措施交底、危险点告知

工作内容

√ 工作负责人对工作班成员进行工作任务、安全措施、技术措施交底和危险点告知，并确认每个工作班成员都已签字。

第二部分 数据维护

1 2 3 4 5

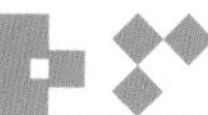

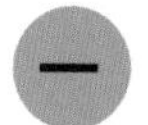

一 数据录入

1. 增加厂站信息

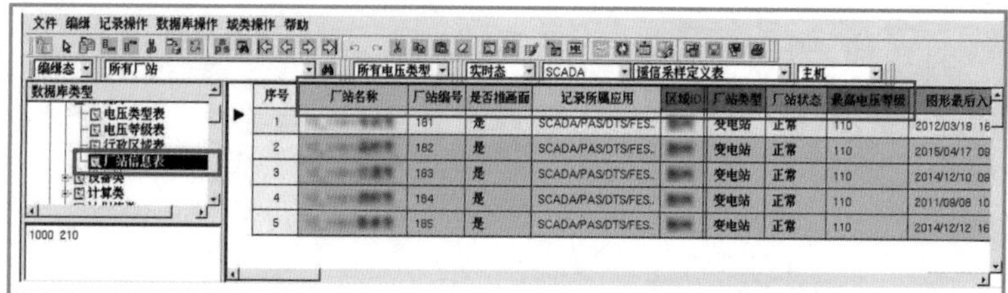

工作内容

√ 打开/SCADA/系统类/厂站信息表，在厂站信息表中新加一条记录，输入厂站名称、厂站编号、记录所属应用、区域ID、厂站类型、是否推画面等。

温馨提示

1）厂站编号应按电压等级、厂站类型和维护区域进行规划，优先将同一维护区域、相同厂站类型、同一电压等级的规划在一起。

2）地县一体化模式下，各子系统所属的厂站名称应采用统一的标识来区分，例如代号“YZ”的子系统所属厂站的名称为“YZ_110kV×× 站”。

2. 遥信数据录入

（1）修改最大输入数。

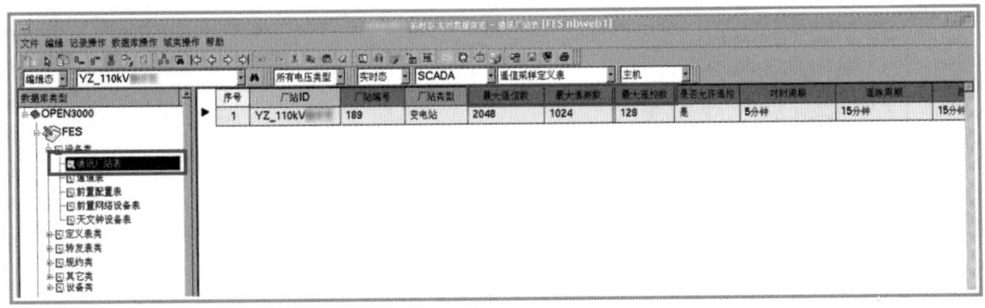

工作内容

√ 打开 /FES/ 设备类 / 通讯厂站表，根据信息表内容修改最大遥信数、最大遥测数、最大遥控数。

（2）通过点表录入工作完成遥信数据导入。

第一步

√ 制作厂站遥信信息文本文件，格式为“遥信名称/点号/通道编号/电压等级/是否光字牌/间隔名称/遥信类型”，将文本文件保存为“[厂站名].txt”。

遥信名称	点号	通道编号	电压等级	是否光字	间隔名称	遥信类型
全站事故总信号	0	276	110	1	公用	保护
全站预告总信号	1	276	110	1	公用	保护
××中1229开关	2	276	110	0	××中1229	开关
××中1229母线闸刀	3	276	110	0	××中1229	刀闸
××中1229线路闸刀	4	276	110	0	××中1229	刀闸
××中1229开关母线侧接地闸刀	5	276	110	0	××中1229	地刀
××中1229开关线路侧接地闸刀	6	276	110	0	××中1229	地刀
××中1229线路接地闸刀	7	276	110	0	××中1229	地刀
××中1229开关机构弹簧未储能	8	276	110	1	××中1229	保护

温馨提示

1）导库文本文件中不可出现空格。

2）遥信名称等蓝色显示的内容仅在制作文件时作参考，导库时需要删除。

3）导库文件名必须与厂站信息表中的厂站名称一致，后缀名为“txt”。

4）“是否光字牌”栏中“1”表示是光字牌信号。

5）通道编号可在“/FES/设备类/通道表”中查询厂站通道编号。

6）遥信类型中“保护”表示导入保护节点表；“开关”表示导入断路器信息表；“刀闸”表示导入刀闸表；“地刀”表示导入接地刀闸表。

第二步

√ 将制作好的厂站遥信信息文本文件上传至地调主系统 SCADA 服务器 users/ems/open2000e/bin/txt_to_db 目录下。

```
//        :/users/ems % bin
//        :/users/ems/open2000e/bin % cd txt_to_db
//        :/users/ems/open2000e/bin/txt_to_db % ls
            add_factor.sh    txt2012           .txt
add_factor      insert_value     warn_query.exe      .txt.log
//        :/users/ems/open2000e/bin/txt_to_db % insert_value yx      .txt
```

第三步

√ 在地调主系统 SCADA 服务器 users/ems/open2000e/bin/txt_to_db 目录下，执行“insert_value yx 厂站名 .txt ”，系统会自动完成数据导入。

第四步

√ 检查导库的日志文件。如果导库过程中出现问题，会显示在该目录下的日志文件中，日志名为“厂站名 .log”，根据日志显示结果进行手动补库或重新导库。

温馨提示

1）在断路器信息表中修改部分特殊开关的“断路器类型”，例如：母联或旁路开关的断路器类型应选择“母联 / 分段 / 旁路开关”类；变压器分支开关应选择“变压器分支开关”类等。

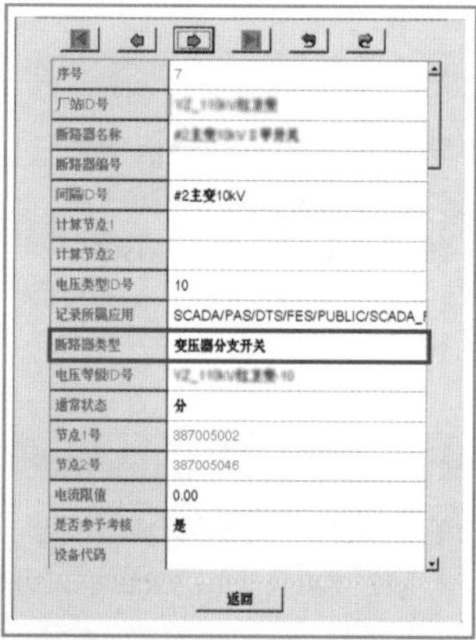

2）根据信息表内容，针对双位置信号设备，在制作导库文件时只导入一个位置信号（如开关小车工作位置），导入完成后手动在“FES/ 定义表类 / 前置遥信定义表”中添加辅助节点点号。

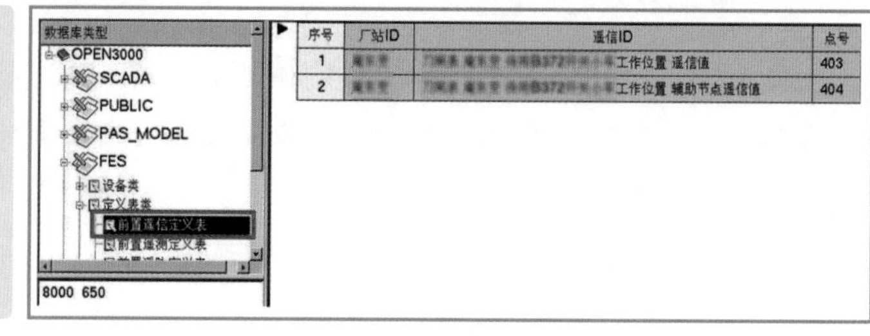

（3）使用手工录入方式。

作业流程

√ 间隔信息表

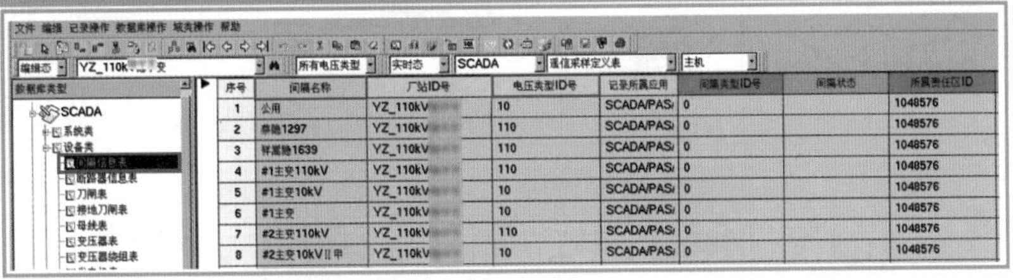

文件 编辑 记录操作 数据库操作 域类操作 帮助

编辑态 | YZ_110k变 | 所有电压类型 | 实时态 | SCADA | 遥信采样定义表 | 主机

数据库类型：SCADA — 系统类；设备类：间隔信息表、断路器信息表、刀闸表、接地刀闸表、母线表、变压器表、变压器绕组表

序号	间隔名称	厂站ID号	电压类型ID号	记录所属应用	间隔类型ID号	间隔状态	所属责任区ID
1	公用	YZ_110kV	10	SCADA/PAS	0		1048576
2	蔡塘1297	YZ_110kV	110	SCADA/PAS	0		1048576
3	祥麗塘1639	YZ_110kV	110	SCADA/PAS	0		1048576
4	#1主变110kV	YZ_110kV	110	SCADA/PAS	0		1048576
5	#1主变10kV	YZ_110kV	10	SCADA/PAS	0		1048576
6	#1主变	YZ_110kV	10	SCADA/PAS	0		1048576
7	#2主变110kV	YZ_110kV	110	SCADA/PAS	0		1048576
8	#2主变10kVⅡ甲	YZ_110kV	10	SCADA/PAS	0		1048576

√ 断路器信息表

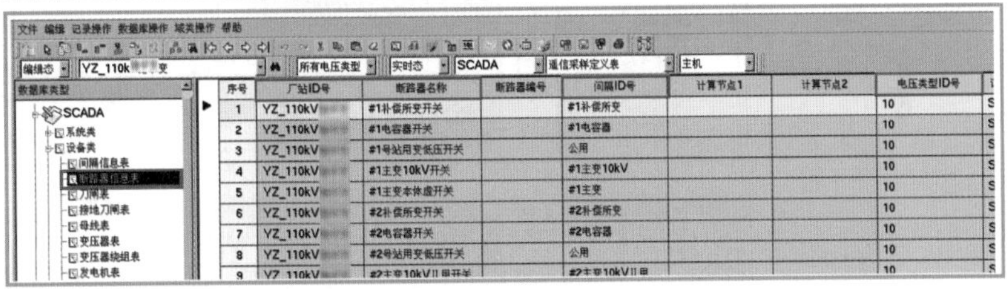

文件 编辑 记录操作 数据库操作 域类操作 帮助

编辑态 | YZ_110k变 | 所有电压类型 | 实时态 | SCADA | 遥信采样定义表 | 主机

数据库类型：SCADA — 系统类；设备类：间隔信息表、断路器信息表、刀闸表、接地刀闸表、母线表、变压器表、变压器绕组表、发电机表

序号	厂站ID号	断路器名称	断路器编号	间隔ID号	计算节点1	计算节点2	电压类型ID号
1	YZ_110kV	#1补偿所变开关		#1补偿所变			10
2	YZ_110kV	#1电容器开关		#1电容器			10
3	YZ_110kV	#1号站用变低压开关		公用			10
4	YZ_110kV	#1主变10kV开关		#1主变10kV			10
5	YZ_110kV	#1主变本体虚开关		#1主变			10
6	YZ_110kV	#2补偿所变开关		#2补偿所变			10
7	YZ_110kV	#2电容器开关		#2电容器			10
8	YZ_110kV	#2号站用变低压开关		公用			10
9	YZ_110kV	#2主变10kVⅡ甲开关		#2主变10kVⅡ甲			10

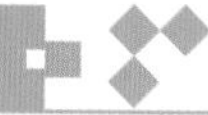

作业流程

√ 刀闸表

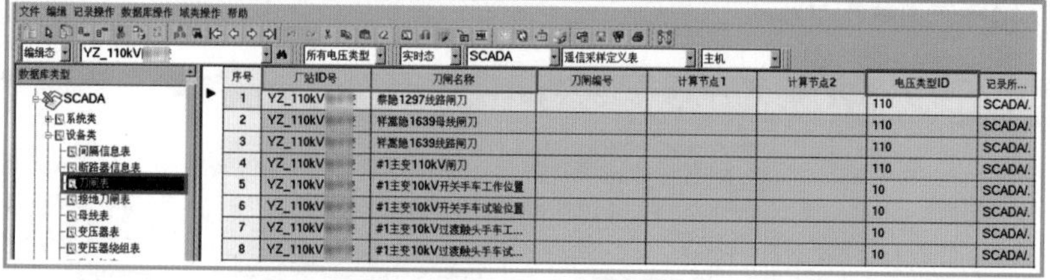

序号	厂站ID号	刀闸名称	刀闸编号	计算节点1	计算节点2	电压类型ID	记录所...
1	YZ_110kV	蔡隐1297线路闸刀				110	SCADA/.
2	YZ_110kV	祥嵩隐1639母线闸刀				110	SCADA/.
3	YZ_110kV	祥嵩隐1639线路闸刀				110	SCADA/.
4	YZ_110kV	#1主变110kV闸刀				110	SCADA/.
5	YZ_110kV	#1主变10kV开关手车工作位置				10	SCADA/.
6	YZ_110kV	#1主变10kV开关手车试验位置				10	SCADA/.
7	YZ_110kV	#1主变10kV过渡触头手车工...				10	SCADA/.
8	YZ_110kV	#1主变10kV过渡触头手车试...				10	SCADA/.

√ 接地刀闸表

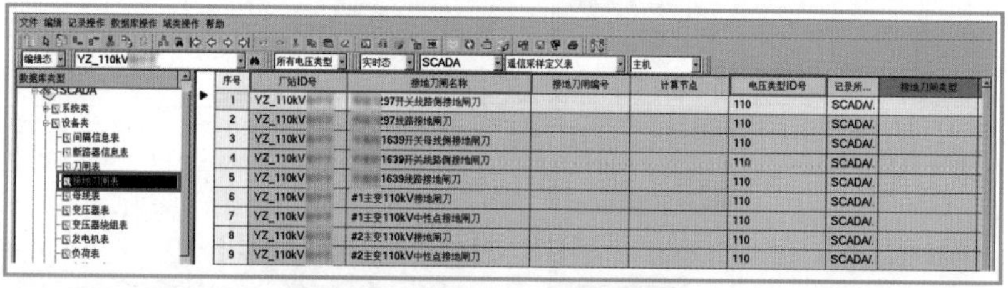

序号	厂站ID号	接地刀闸名称	接地刀闸编号	计算节点	电压类型ID号	记录所...	接地刀闸类型
1	YZ_110kV	297开关线路侧接地闸刀			110	SCADA/.	
2	YZ_110kV	297线路接地闸刀			110	SCADA/.	
3	YZ_110kV	1639开关母线侧接地闸刀			110	SCADA/.	
4	YZ_110kV	1639开关线路侧接地闸刀			110	SCADA/.	
5	YZ_110kV	1639线路接地闸刀			110	SCADA/.	
6	YZ_110kV	#1主变110kV接地闸刀			110	SCADA/.	
7	YZ_110kV	#1主变110kV中性点接地闸刀			110	SCADA/.	
8	YZ_110kV	#2主变110kV接地闸刀			110	SCADA/.	
9	YZ_110kV	#2主变110kV中性点接地闸刀			110	SCADA/.	

√ 保护节点表

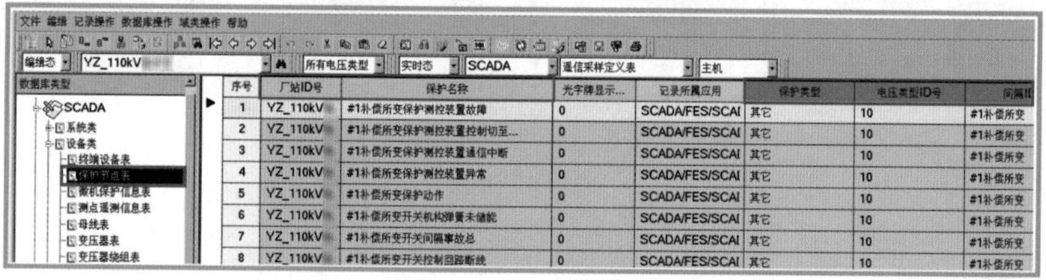

序号	厂站ID号	保护名称	光字牌显示...	记录所属应用	保护类型	电压类型ID号	间隔I…
1	YZ_110kV	#1补偿所变保护测控装置故障	0	SCADA/FES/SCAI	其它	10	#1补偿所变
2	YZ_110kV	#1补偿所变保护测控装置控制切至...	0	SCADA/FES/SCAI	其它	10	#1补偿所变
3	YZ_110kV	#1补偿所变保护测控装置通信中断	0	SCADA/FES/SCAI	其它	10	#1补偿所变
4	YZ_110kV	#1补偿所变保护测控装置异常	0	SCADA/FES/SCAI	其它	10	#1补偿所变
5	YZ_110kV	#1补偿所变保护动作	0	SCADA/FES/SCAI	其它	10	#1补偿所变
6	YZ_110kV	#1补偿所变开关机构弹簧未储能	0	SCADA/FES/SCAI	其它	10	#1补偿所变
7	YZ_110kV	#1补偿所变开关间隔事故总	0	SCADA/FES/SCAI	其它	10	#1补偿所变
8	YZ_110kV	#1补偿所变开关控制回路断线	0	SCADA/FES/SCAI	其它	10	#1补偿所变

3. 遥测信息录入

第一步

√ 打开 /SCADA/ 设备类，手动在变压器表、变压器绕组表、母线表、线路表、交流线段表、交流线段端点表、负荷表、容抗器表、终端设备表、测点遥测信息表等表中添加内容，部分表填写后会自动触发关联表中的记录，例如变压器表→变压器绕组表，完成关联表中内容的录入。

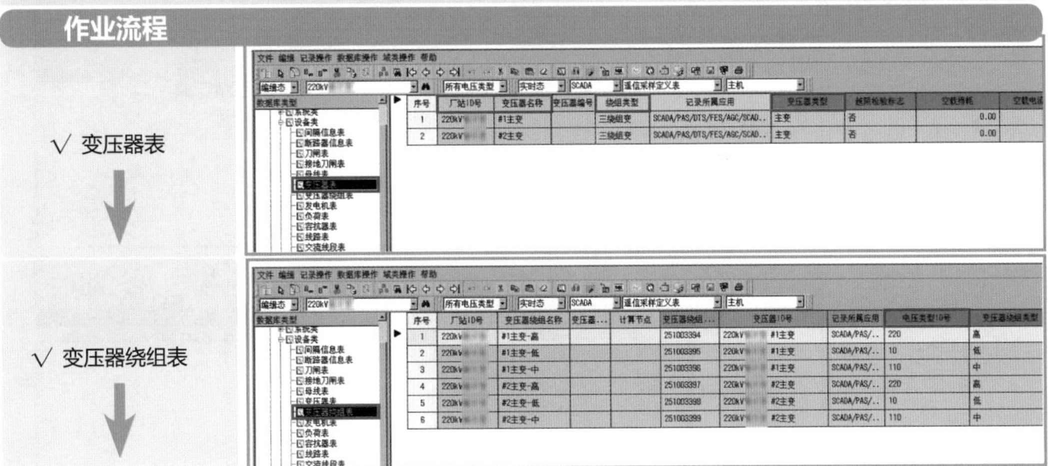

作业流程

√ 母线表

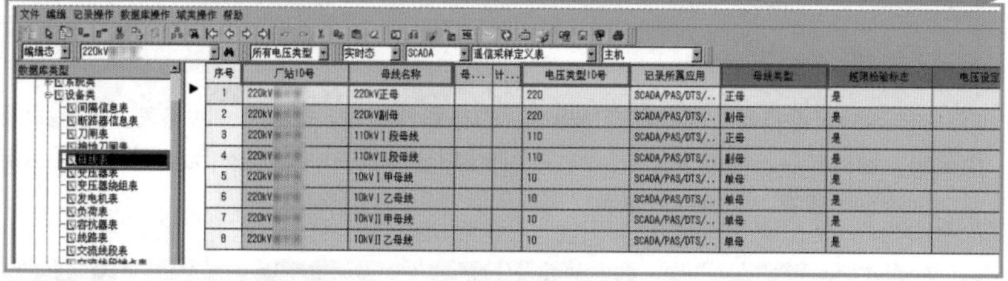

序号	厂站ID号	母线名称	母...	计...	电压类型ID号	记录所属应用	母线类型	越限检验标志	电压设定
1	220kV	220kV正母			220	SCADA/PAS/DTS/..	正母	是	
2	220kV	220kV副母			220	SCADA/PAS/DTS/..	副母	是	
3	220kV	110kV Ⅰ段母线			110	SCADA/PAS/DTS/..	正母	是	
4	220kV	110kV Ⅱ段母线			110	SCADA/PAS/DTS/..	副母	是	
5	220kV	10kV Ⅰ甲母线			10	SCADA/PAS/DTS/..	单母	是	
6	220kV	10kV Ⅰ乙母线			10	SCADA/PAS/DTS/..	单母	是	
7	220kV	10kV Ⅱ甲母线			10	SCADA/PAS/DTS/..	单母	是	
8	220kV	10kV Ⅱ乙母线			10	SCADA/PAS/DTS/..	单母	是	

√ 线路表

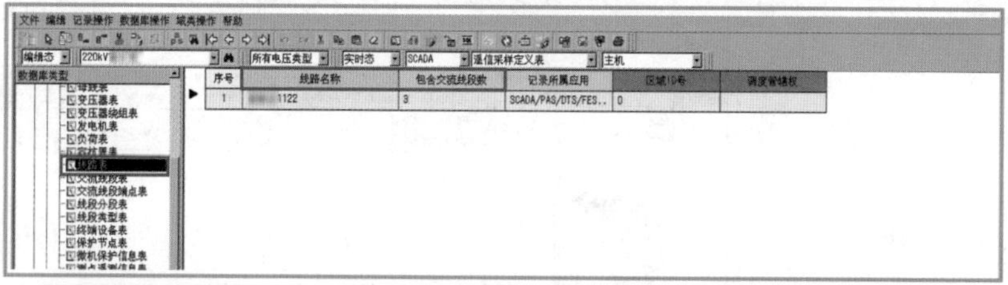

序号	线路名称	包含交流线段数	记录所属应用	区域ID号	调度管辖权
1	1122	3	SCADA/PAS/DTS/FES..	0	

√ 交流线段表

序号	一端厂站ID号	二端厂站ID号	交流线段名称	电压类型ID号	记录所...	交流线段编号	线路ID号	功率
1	220kV		北滨1168	110	SCADA/P..			

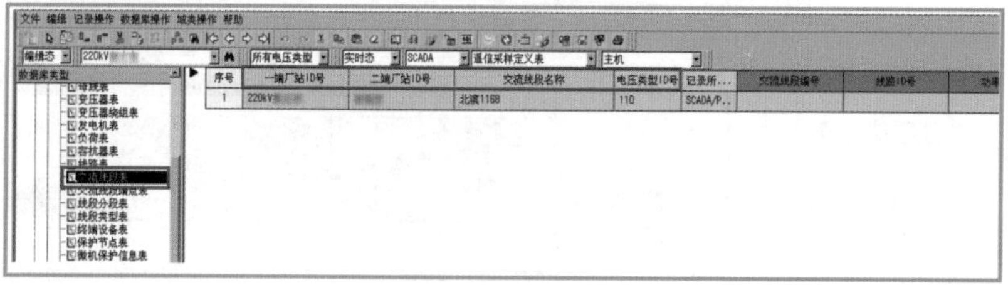

作业流程

√ 交流线段端点表

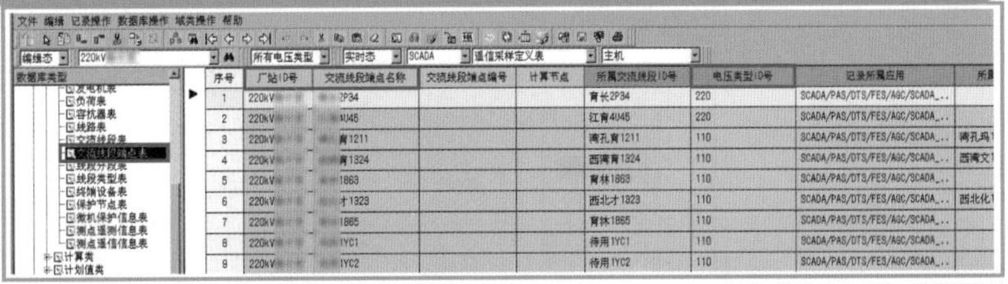

序号	厂站ID号	交流线段端点名称	交流线段端点编号	计算节点	所属交流线段ID号	电压类型ID号	记录所属应用	所
1	220kV	2P34			育长2P34	220	SCADA/PAS/DTS/FES/AGC/SCADA_...	
2	220kV	4U45			江育4U45	220	SCADA/PAS/DTS/FES/AGC/SCADA_...	
3	220kV	育1211			湾孔育1211	110	SCADA/PAS/DTS/FES/AGC/SCADA_...	湾孔玛
4	220kV	育1324			西湾育1324	110	SCADA/PAS/DTS/FES/AGC/SCADA_...	西湾文
5	220kV	1863			育林1863	110	SCADA/PAS/DTS/FES/AGC/SCADA_...	
6	220kV	才1323			西北才1323	110	SCADA/PAS/DTS/FES/AGC/SCADA_...	西北化
7	220kV	1865			育林1865	110	SCADA/PAS/DTS/FES/AGC/SCADA_...	
8	220kV	1YC1			待用1YC1	110	SCADA/PAS/DTS/FES/AGC/SCADA_...	
9	220kV	1YC2			待用1YC2	110	SCADA/PAS/DTS/FES/AGC/SCADA_...	

√ 负荷表

序号	厂站ID号	负荷名称	负荷编号	计...	电压类型ID号	记录所属应用
1	220kV	天合N910			10	SCADA/PAS/DTS/FES/AGC/SCADA_RES/PAS_RES/DTS_RES/AGC_RES/
2	220kV	天水N911			10	SCADA/PAS/DTS/FES/AGC/SCADA_RES/PAS_RES/DTS_RES/AGC_RES/
3	220kV	钰鼎N912			10	SCADA/PAS/DTS/FES/AGC/SCADA_RES/PAS_RES/DTS_RES/AGC_RES/
4	220kV	柏翠N913			10	SCADA/PAS/DTS/FES/AGC/SCADA_RES/PAS_RES/DTS_RES/AGC_RES/
5	220kV	冯家N914			10	SCADA/PAS/DTS/FES/AGC/SCADA_RES/PAS_RES/DTS_RES/AGC_RES/
6	220kV	天玑N915			10	SCADA/PAS/DTS/FES/AGC/SCADA_RES/PAS_RES/DTS_RES/AGC_RES/
7	220kV	阑珊N916			10	SCADA/PAS/DTS/FES/AGC/SCADA_RES/PAS_RES/DTS_RES/AGC_RES/
8	220kV	丽东N917			10	SCADA/PAS/DTS/FES/AGC/SCADA_RES/PAS_RES/DTS_RES/AGC_RES/
9	220kV	天成N918			10	SCADA/PAS/DTS/FES/AGC/SCADA_RES/PAS_RES/DTS_RES/AGC_RES/

√ 容抗器表

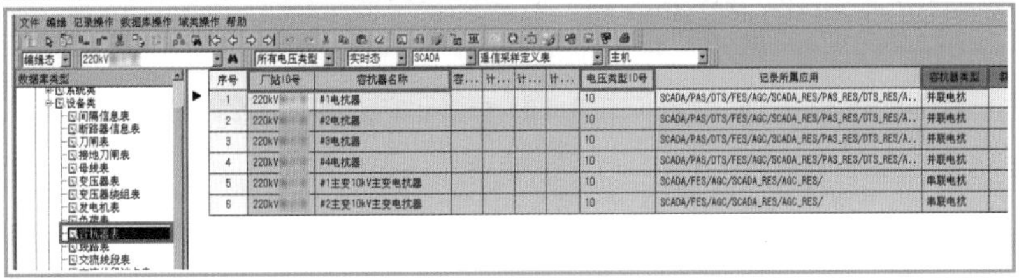

序号	厂站ID号	容抗器名称	容...	计...	计...	计...	电压类型ID号	记录所属应用	容抗器类型
1	220kV	#1电抗器					10	SCADA/PAS/DTS/FES/AGC/SCADA_RES/PAS_RES/DTS_RES/A..	并联电抗
2	220kV	#2电抗器					10	SCADA/PAS/DTS/FES/AGC/SCADA_RES/PAS_RES/DTS_RES/A..	并联电抗
3	220kV	#3电抗器					10	SCADA/PAS/DTS/FES/AGC/SCADA_RES/PAS_RES/DTS_RES/A..	并联电抗
4	220kV	#4电抗器					10	SCADA/PAS/DTS/FES/AGC/SCADA_RES/PAS_RES/DTS_RES/A..	并联电抗
5	220kV	#1主变10kV主变电抗器					10	SCADA/FES/AGC/SCADA_RES/AGC_RES/	串联电抗
6	220kV	#2主变10kV主变电抗器					10	SCADA/FES/AGC/SCADA_RES/AGC_RES/	串联电抗

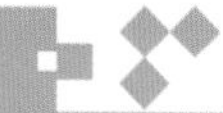

作业流程

√ 终端设备表

序号	所属厂站ID号	终端设备名称	电压类型ID号	记录所属应用	终端设备类型	间隔ID号	拓扑着色
1	220kV	育长2P34线路压变	220	SCADA/PAS/DTS/FES..			0
2	220kV	江育4U45线路压变	220	SCADA/PAS/DTS/FES..			0
3	220kV	220kV副母压变	220	SCADA/PAS/DTS/FES..			0
4	220kV	220kV正母压变	220	SCADA/PAS/DTS/FES..			0
5	220kV	220kV正母避雷器	220	SCADA/PAS/DTS/FES..			0
6	220kV	220kV副母避雷器	220	SCADA/PAS/DTS/FES..			0
7	220kV	#1主变220kV避雷器	220	SCADA/PAS/DTS/FES..			0
8	220kV	#2主变220kV避雷器	220	SCADA/PAS/DTS/FES..			0
9	220kV	#1主变220kV中性点..	220	SCADA/PAS/DTS/FES..			0

√ 测点遥测信息表

序号	厂站ID号	测点名称	记录所属应用	类型	间隔ID	设备代码	实测值	状态
1	220kV	#1主变绕组温度	SCADA/PAS/DTS/FES..	温度...	#1主变		46.90	不变化/
2	220kV	#1主变油温1	SCADA/PAS/DTS/FES..	温度...	#1主变		44.00	不变化/
3	220kV	#1主变油温2	SCADA/PAS/DTS/FES..	温度...	#1主变		44.20	不变化/
4	220kV	#2主变绕组温度	SCADA/PAS/DTS/FES..	温度...	#2主变		45.50	正常/
5	220kV	#2主变油温1	SCADA/PAS/DTS/FES..	温度...	#2主变		43.80	正常/
6	220kV	#2主变油温2	SCADA/PAS/DTS/FES..	温度...	#2主变		43.60	不变化/

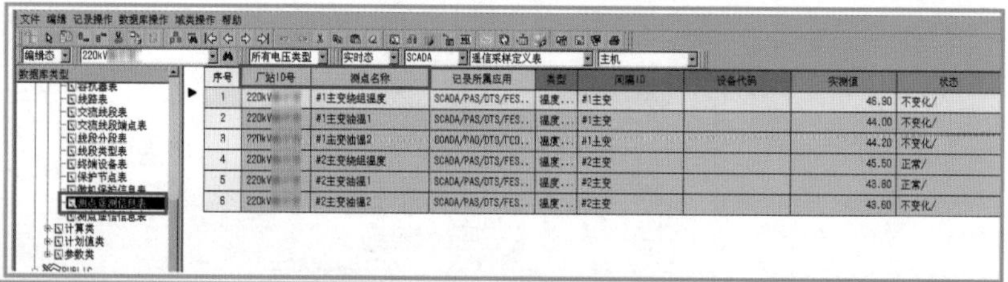

温馨提示

√ 测点遥测信息表中一般添加类似主变油温、直流母线电压等特殊的测点信息。

第二步

√ 打开 /FES/ 定义表类，手动在前置遥测定义表中添加遥测点号和通道。

4. 责任区划分

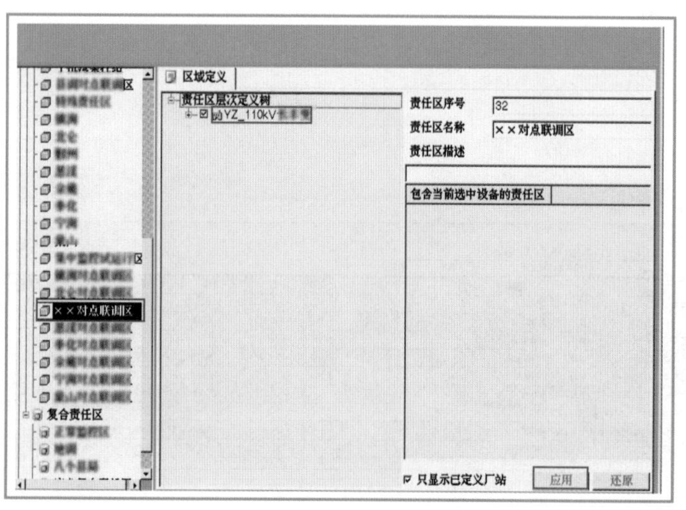

工作内容

√ 打开责任区定义工具，完成新建厂站责任区划分。

温馨提示

√ 投产前一般将新建厂站划分至“信息联调责任区”，避免调试信号干扰正常监控。

5. PAS 参数录入

工作内容

√ 打开 /PAS/ 设备类，完成以下表中的 PAS 参数录入，包括交流线段表、变压器表、容抗器表、发电机表等。

作业流程

√ 电阻、电抗和电纳有名值或标幺值（也可以输入线路类型和长度，但需要在线路类型表中先定义好），线路电流限值。

√ PAS 交流线段表中录入。

作业流程

√ PAS 变压器表中录入。

√ 空载损耗，空载电流百分值。

文件 编辑 记录操作 数据库操作 域类操作 帮助

编辑态 YZ_35kV 所有电压类型 实时态 SCADA 遥信采样定义表 主机

数据库类型

- 间隔信息表
- 断路器信息表
- 刀闸表
- 接地刀闸表
- 母线表
- 变压器表
- 变压器绕组表
- 发电机表
- 负荷表
- 容抗器表
- 交流线段表
- 交流线段端点表
- 线段类型表
- 线段分段表
- 变压器分接头类型表

序号	厂站ID号	变压器名称	空载损耗	空载电流百分值	无功不平衡量	无功不平衡量状态	终端变
1	YZ_35kV	#2主变	11.11	0.20	0.00	非实测值/	否
2	YZ_35kV	#1主变	11.01	0.20	0.00	非实测值/	否

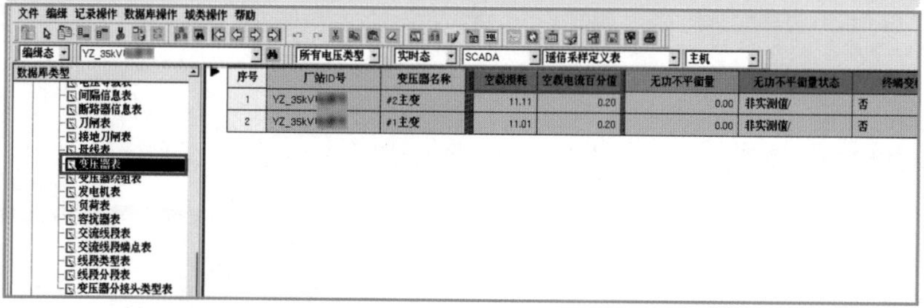

作业流程

√ PAS 变压器绕组表中录入。

√ 各侧电压等级，各侧铭牌电压，各侧额定功率，各侧短路损耗，各侧短路电压百分数，各侧电阻、电抗和电纳有名值或标幺值，高中压侧抽头类型，高中压侧正常运行方式下抽头位置，高压侧是否有载调压。

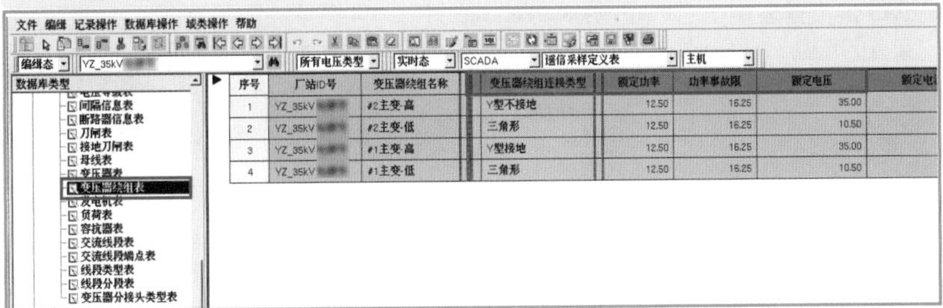

作业流程

√ PAS 容抗器表中录入。

√ 电压等级，容抗器类型，额定无功容量。

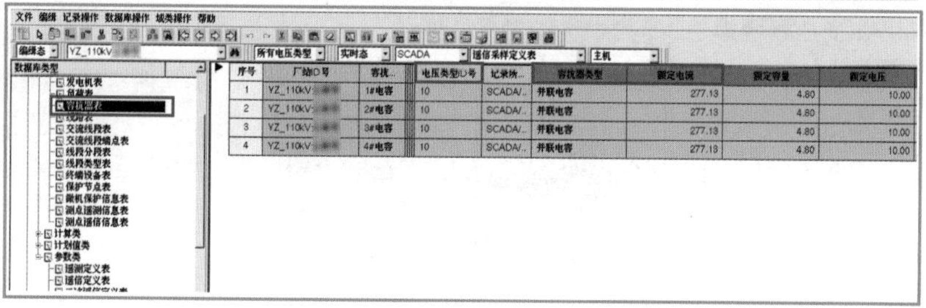

序号	厂站ID号	容抗...	电压类型ID号	记录所...	容抗器类型	额定电流	额定容量	额定电压
1	YZ_110kV	1#电容	10	SCADA/...	并联电容	277.13	4.80	10.00
2	YZ_110kV	2#电容	10	SCADA/...	并联电容	277.13	4.80	10.00
3	YZ_110kV	3#电容	10	SCADA/...	并联电容	277.13	4.80	10.00
4	YZ_110kV	4#电容	10	SCADA/...	并联电容	277.13	4.80	10.00

作业流程

√ PAS 发电机表中录入。

√ 额定功率，有功最大最小出力、无功最大最小出力， 机组类型。

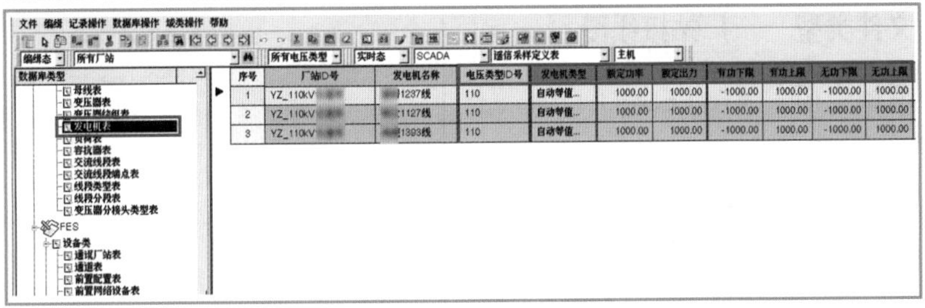
文件 编辑 记录操作 数据库操作 域类操作 帮助
编辑态
所有厂站
所有电压类型
实时态
SCADA
遥信采样定义表
主机
数据库类型
母线表
变压器表
发电机表
容抗器表
交流线段表
交流线段端点表
线段类型表
线段分段表
变压器分接头类型表
FES
设备类
通讯厂站表
通道表
前置配置表
前置网络设备表
序号 厂站ID号 发电机名称 电压类型ID号 发电机类型 额定功率 额定出力 有功下限 有功上限 无功下限 无功上限
1 YZ_110kV 1237线 110 自动等值... 1000.00 1000.00 -1000.00 1000.00 -1000.00 1000.00
2 YZ_110kV 1127线 110 自动等值... 1000.00 1000.00 -1000.00 1000.00 -1000.00 1000.00
3 YZ_110kV 1393线 110 自动等值... 1000.00 1000.00 -1000.00 1000.00 -1000.00 1000.00

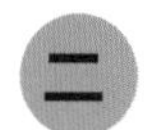

二 图形绘制

1. 一次接线图绘制

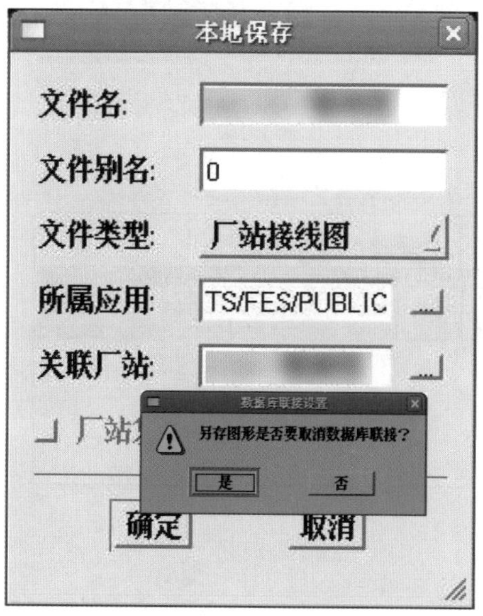

工作内容

√ 方法1：打开图形编辑工具，新建一张图，完成文件名、文件类型、所属应用、关联厂站等配置。其中文件类型选“厂站接线图”，所属应用默认为全部应用，关联厂站选此次接入的厂站。

√ 方法2：也可打开一张现有的厂站图形，选择“另存图形”，完成文件名、文件类型、所属应用、关联厂站等配置后，系统会提示“另存图形是否取消数据库联接？”，选择“是”。

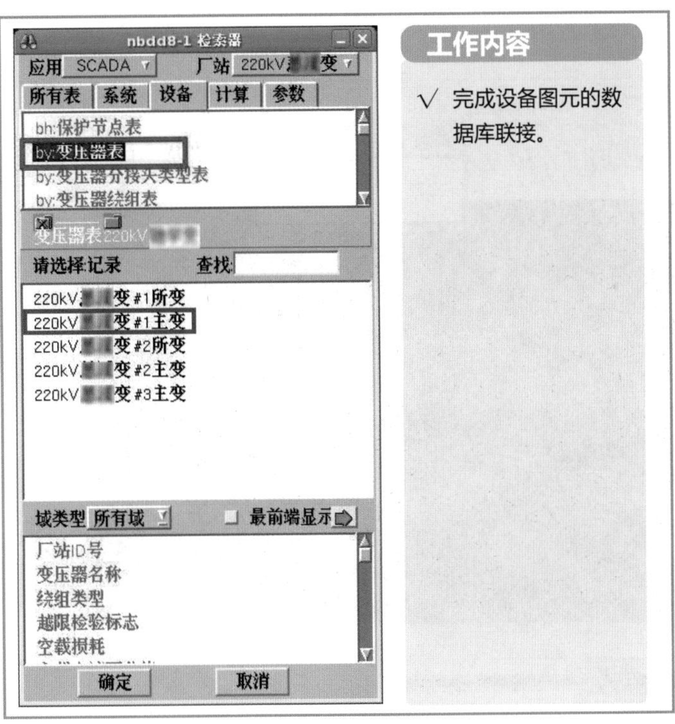
nbdd8-1 检索器
应用 SCADA
厂站 220kV 变
所有表
系统
设备
计算
参数
bh:保护节点表
by:变压器表
by:变压器分接头类型表
by:变压器绕组表
变压器表 220kV
请选择记录
查找
220kV 变 #1所变
220kV 变 #1主变
220kV 变 #2所变
220kV 变 #2主变
220kV 变 #3主变
域类型 所有域
最前端显示
厂站ID号
变压器名称
绕组类型
越限检验标志
空载损耗
确定
取消
工作内容
√ 完成设备图元的数据库联接。

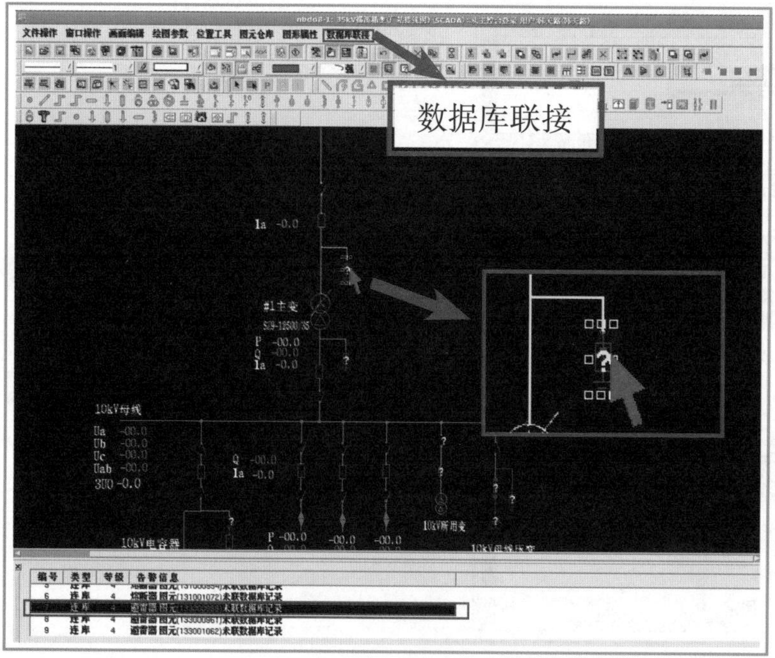

工作内容

√ 单击图形编辑工具界面上方的“显示数据库联接”图标，查看下方告警窗上的告警信息，可双击定位至具体设备，消除告警。

工作内容

√ 单击“显示焊点”图标，查看图形中图元之间联接是否正确，消除错误的焊点联接，保证网络拓扑正确。

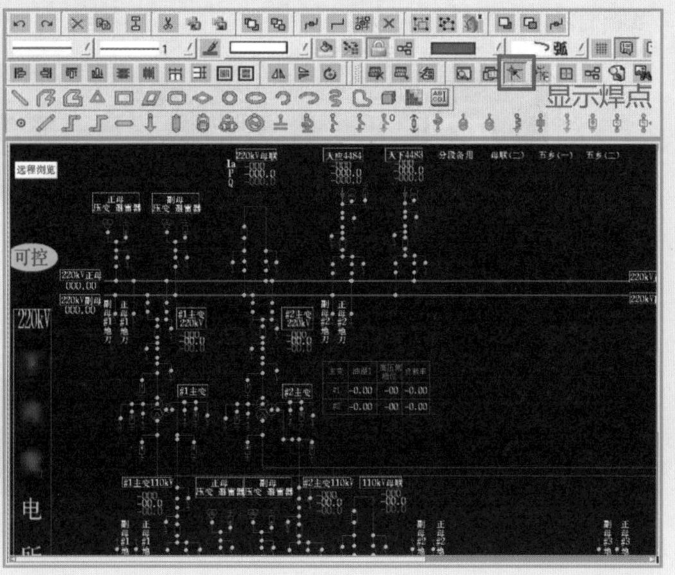

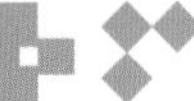

2. 节点入库

工作内容

√ 单击“节点入库”图标，查看下栏的告警窗，消除告警。

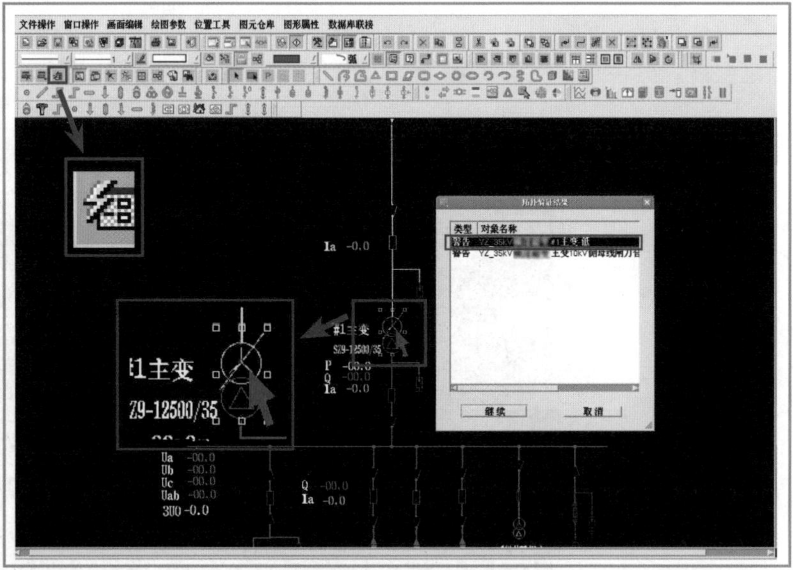

3. 间隔图绘制

工作内容

√ 打开图形编辑界面，新建一张图形，选择文件类型为“间隔接线图”，关联厂站为空。

√ 根据信息表补充完善图上的遥测信息。

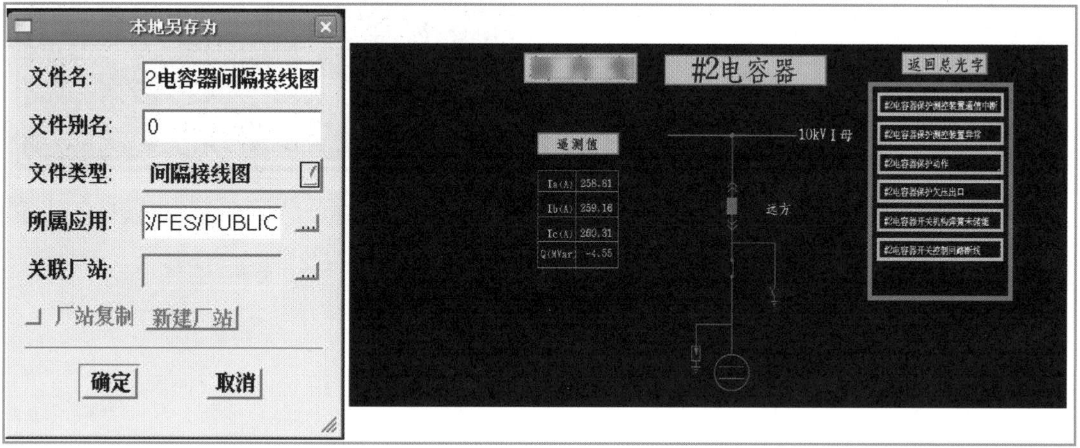

本地另存为

文件名: 2电容器间隔接线图

文件别名: 0

文件类型: 间隔接线图

所属应用: \/FES/PUBLIC

关联厂站:

厂站复制 新建厂站

确定 取消

#2电容器

返回总光字

遥测值

Ia(A)	258.81
Ib(A)	259.16
Ic(A)	260.31
Q(MVar)	-4.55

10kV I 母

远方

#2电容器保护测控装置通信中断

#2电容器保护测控装置异常

#2电容器保护动作

#2电容器保护欠压出口

#2电容器开关机构弹簧未储能

#2电容器开关控制回路断线

4. 光字牌图绘制

工作内容

√ 在图形编辑界面新建一张图，完成文件名、文件类型、所属应用等配置。其中文件类型选择“间隔接线图”，所属应用默认为全部应用。

√ 根据不同间隔，完成间隔所属光字牌信号的数据库联接。

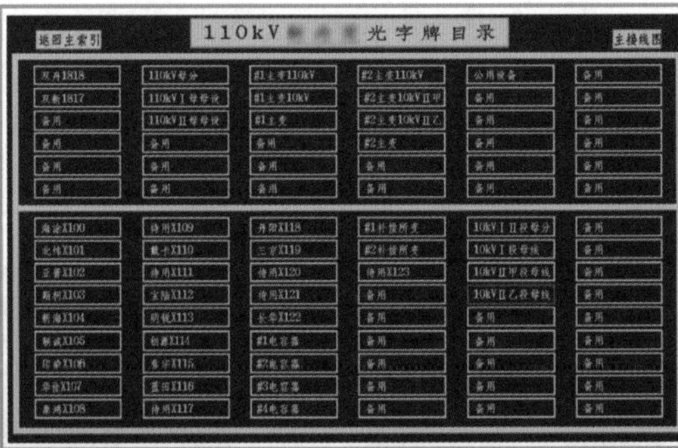

温馨提示

√ 将光字牌图元与文字关联后，根据间隔自动生成光字牌。

5. 其它图调整

工作内容

√ 在厂站索引图上新增此次接入厂站的厂站名称，完成标志调用。

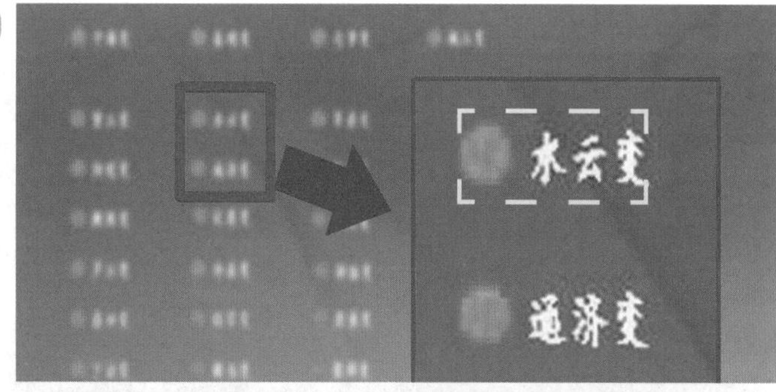

√ 在厂站通道监视图上新增此次接入厂站的厂站状态和通道状态图元，完成数据库联接。

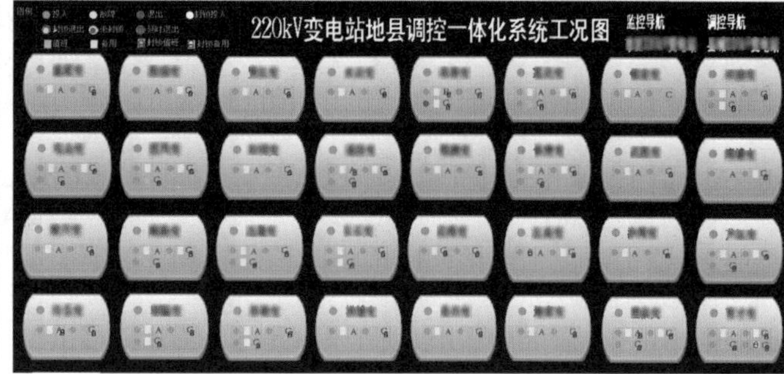

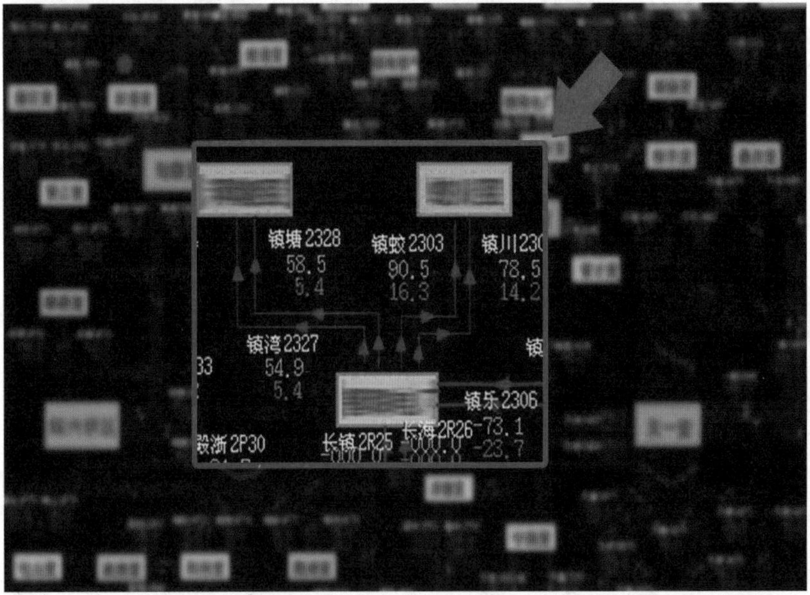

工作内容

√ 根据运方启动方案对潮流图进行修改制作。

温馨提示

√ 未投产的厂站在潮流图上应加虚框予以标识。

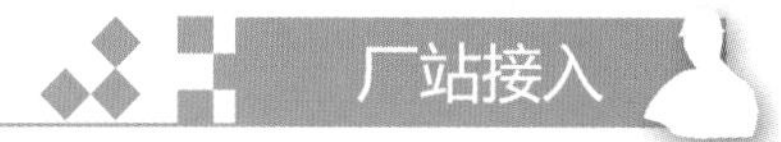

三 参数定义

1. 前置通道定义

工作内容

√ 打开 /FES/ 设备类 / 通道表，根据通道状况，修改通道命名，录入通道类型、网络类型、通道优先级、网络描述、端口号、遥测类型、链路地址、RTU 地址 (ASDU 地址)、工作方式、校验方式、波特率、通信规约类型、故障阈值、通道分配模式、通道报文保存天数、所属系统、所备系统、是否备用。

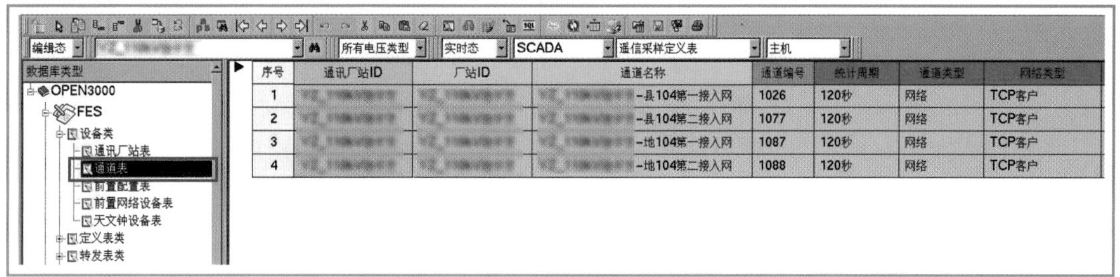

温馨提示

（1）地县一体化模式下，为避免主系统采集通道与子系统采集通道混淆，通道的命名采用以下做法：

1）使用 IEC 104 规约网络通道，厂站端远动主机运行模式为主备机模式的，主系统的采集通道一般命名为“×× 变 – 地 104 第一接入网”，子系统的采集通道一般命名为“×× 变 – 县 104 第一接入网”。

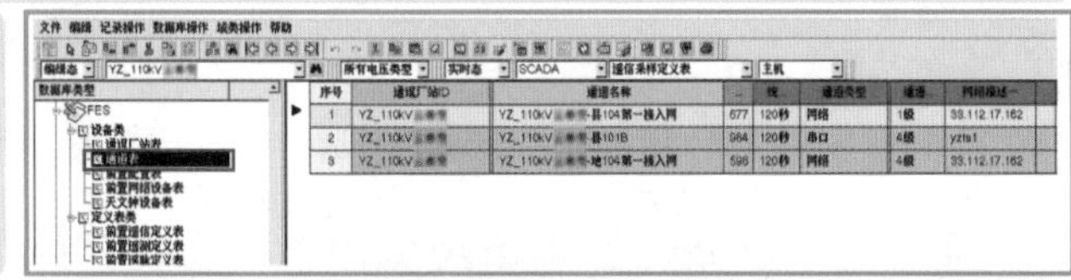

2）使用 IEC 104 规约网络通道，厂站端远动主机运行模式为双主机模式的，主系统的通道一般命名为“×× 变 – 地 104 第一接入网”、“×× 变 – 地 104 第二接入网”，子系统的通道一般命名为“×× 变 – 县 104 第一接入网”“×× 变 – 县 104 第二接入网”。

3）使用 IEC 101 规约、CDT 规约等非网络通道的厂站，根据采集通道数量状况，主系统中单通道一般命名为“×× 变 – 地 101”，多通道一般命名为“×× 变 – 地 101A”“×× 变 – 地 101B”等，子系统中通道命名类似于主系统。

温馨提示

（2）地县一体化模式下，链路地址和 RTU 地址（ASDU 地址）由管理部门进行统一规划分配，根据 IEC 104 规约和 IEC 101 规约的规则，网络通道与非网络通道的地址规划分配是不同的：网络通道的 RTU 地址规划一般为双字节，无链路地址；非网络通道的 RTU 地址规划一般为单字节，有链路地址。

（3）通道报文保存天数建议设为 1~3 天，保存通道报文可以在厂站远动出现故障时，对报文进行分析，有助于排查故障，通道报文保存路径为所连前置服务器 /users/ems/open2000e/fes_bin/log/fes_rdisp.log 目录。

（4）县域所辖厂站在地县一体化模式下，由县调子系统前置采集的通道，“所属系统”域选“县局”，“所备系统”域不选，“是否备用”域选“否”；由地调主系统前置采集的通道，“所属系统”域选“×× 地调”，“所备系统”域选“×× 县调”，“是否备用”域选“热备用”。正常情况下，县域 110kV 厂站只有到县调前置的通道会投入值班，到地调前置的通道为热备用；当厂站至县调通道全部退出时，到地调前置的通道才会投入值班。

2. 前置遥信定义

工作内容

√ 打开 /FES/ 定义表类 / 前置遥信定义表，完成通道选择、点号录入和前置遥信参数定义。

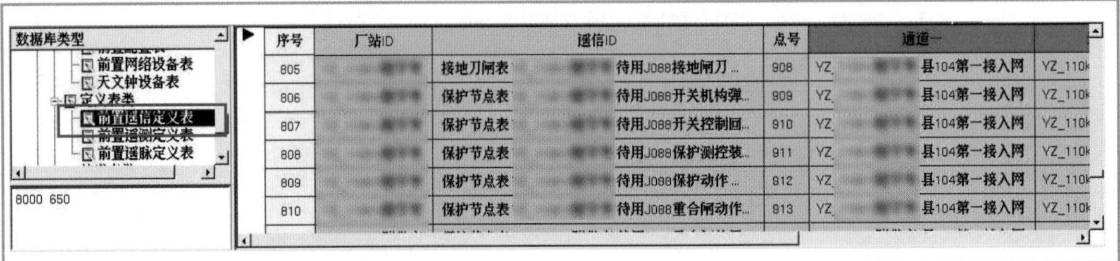

功能扩展

（1）“是否过滤抖动”和“抖动时限”。

当某点遥信的“是否过滤抖动”域选择“是”，并选择了“抖动时限”域的时间，则该点遥信有抖动时，会在抖动时间内过滤掉抖动过程中成对出现的遥信。

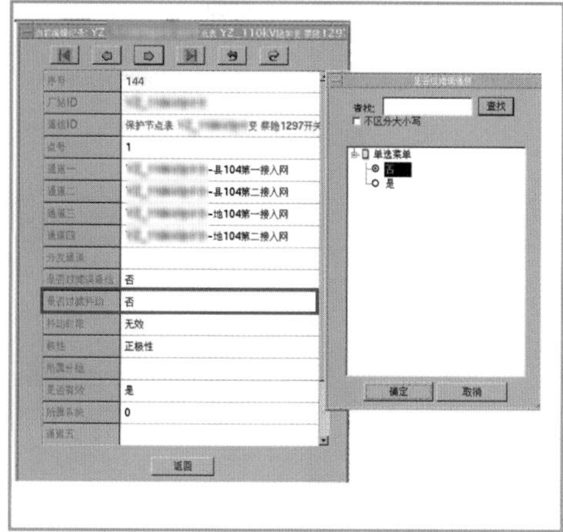

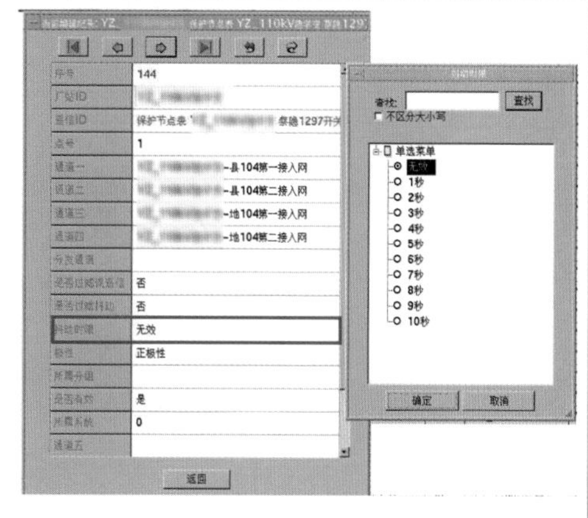

（2）“极性”域。

正极性意味上传遥信数值中 0 判为分，1 判为合；反极性意味上传遥信数值中 1 判为分，0 判为合。一般默认设置为正值性。

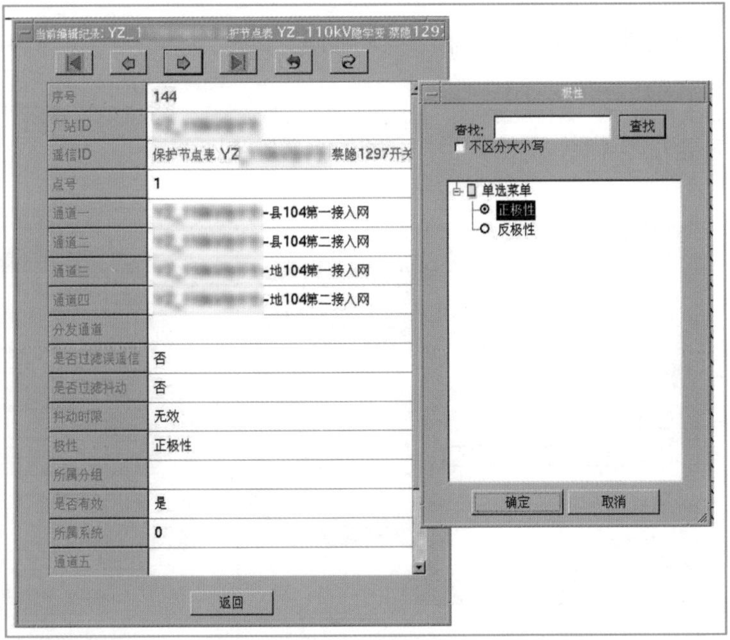

3. 前置遥测定义

工作内容

√ 打开 /FES/ 定义表类 / 前置遥测定义表，完成通道选择、点号录入和前置遥测参数定义。

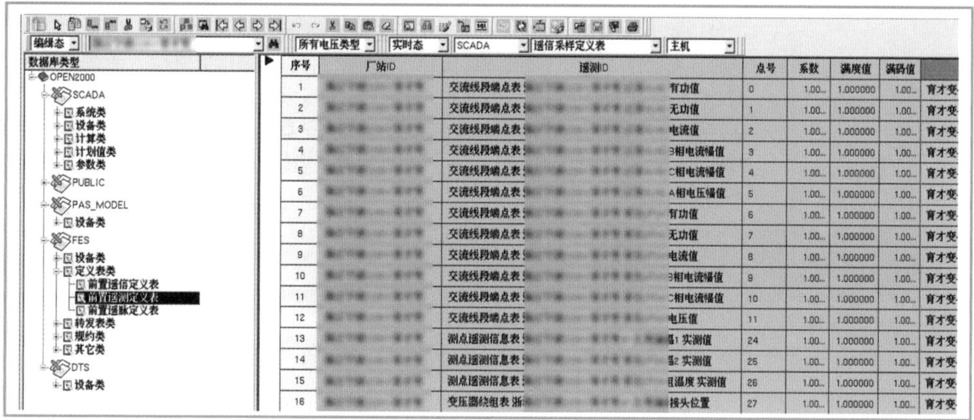

功能扩展

"死区值"域

√ 该域定义为数值 *a*，当前后两次接收的差值小于 *a* 时，系统就认为该值在死区范围内，FES 不作变化数据处理。默认为 0，即不判死区。

"归零值"域

√ 该域定义为数值 *a*, 当接收到遥测数据绝对值小于 *a* 时，FES 就把该值当做 0 送往 SCADA。默认为 0，即不判零漂。

功能扩展

"遥测类型"域

遥测类型		
"计算量"	需填写系数，其计算公式 一次值 = 源码值 × 系数 / 满码值 + 基值（默认设置为 0）
"工程量"	需填写满度值和满码值，其计算公式 一次值 = 源码值 × 满度值 / 满码值 + 基值（默认设置为 0）
"实际量"	不用填写计算分量，上送的源码值就是一次值

4. 遥控参数定义

工作内容

√ 打开/SCADA/参数类/遥信定义表，根据信息表内容在"是否遥控"域选"是"，在"遥信名称"域中输入遥信名称。

√ 在/SCADA/参数类/遥控关系表中填入遥控序号，"操作方式"为监护遥控。

温馨提示

√ 若涉及软压板投退等继电保护设备遥控操作，则在/SCADA/参数类/二次遥信定义表中定义。

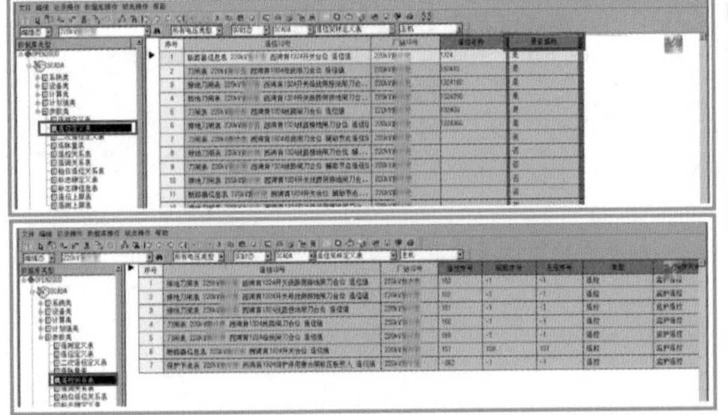

温馨提示

√ 完成遥控参数定义后，在一次接线图上选择一个开关，右击选择"遥控"选项，查看是否弹出遥控操作界面。

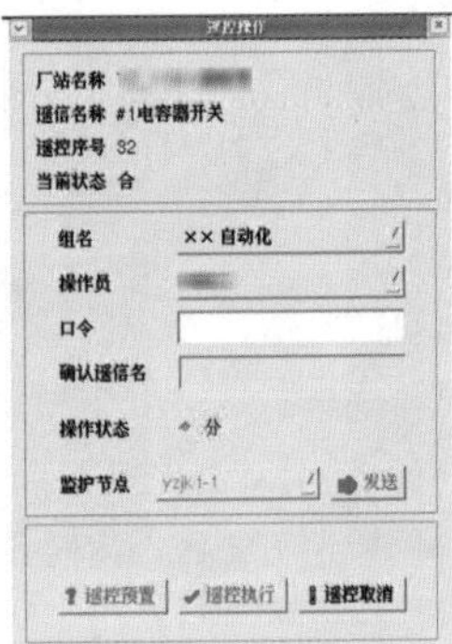

5. 档位遥调定义

工作内容

√ 打开 /SCADA/ 参数类 / 档位遥信关系表，新增记录，单击“变压器绕组 ID”域，出现下拉列表，选择此次接入的厂站“×× 主变 - 高”，在“最大档位”“最小档位”域中填入主变最大、最小档位数。

√ 打开信息检索器，找到“主变分接开关升 / 降”遥信记录，将其拖到“升遥信 ID”和“降遥信 ID”域，再通过信息检索器找到“×× 主变调档急停”记录，将其拖到“急停遥信 ID”域，信息检索器中的值域均选“遥信值”。

√ 一般情况下，“控升状态”域选“合”，“控降状态”域选“分”，“控停状态”域选“合”。

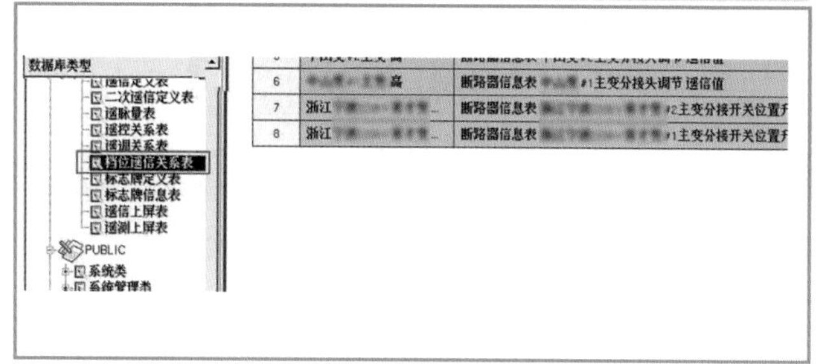

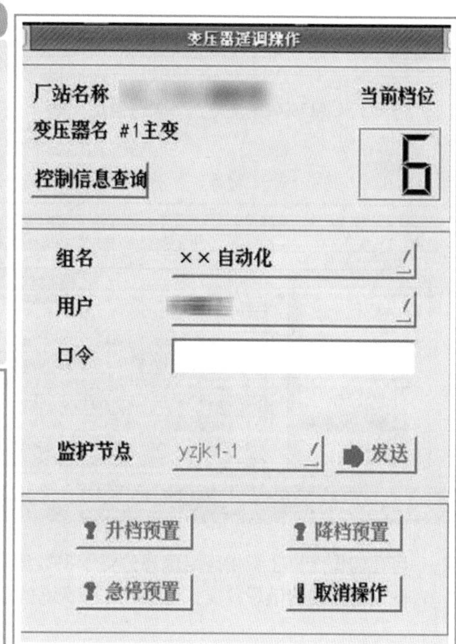

6. 信息分层定义

工作内容

√ 打开 /SCADA/ 参数类 / 二次遥信定义表，在“告警方式 ID”域中选择自定义告警类别。

温馨提示

√ 可在告警定义工具中定义信息分类，将数量最多的信息分类，例如“异常”定义为默认告警方式，已定义为默认告警方式的信息分类，可不必在二次遥信定义表中再选择自定义告警类别，这样可大大节省工作量。

7. 设备限值定义

工作内容

√ 打开 /SCADA/ 参数类 / 遥测定义表，若在“是否限值”域中选择“是”，则在限值表自动生成一条记录。

√ 打开 /SCADA/ 计算类 / 限值表，填入“正常上限值”“正常下限值”“事故上限值”“事故下限值”等。

作业流程 / 作业要求

√ 遥测定义表

序号	遥测ID号	厂站ID号	遥测名称	是否限值
1	变压器绕组表 220kV[illegible] #1主变-高 电流值	220kV[illegible]		是
2	变压器绕组表 220kV[illegible] #1主变-低 电流值	220kV[illegible]		是
3	容抗器表 220kV[illegible] #1主变10kV主变电抗器 C相电..	220kV[illegible]		否
4	容抗器表 220kV[illegible] #1主变10kV主变电抗器 无功值	220kV[illegible]		否
5	变压器绕组表 220kV[illegible] #1主变-低 分接头位置	220kV[illegible]		否
6	变压器绕组表 220kV[illegible] #1主变-低 功率因数	220kV[illegible]		否
7	变压器绕组表 220kV[illegible] #1主变-低 无功值	220kV[illegible]		否
8	变压器绕组表 220kV[illegible] #1主变-低 有功值	220kV[illegible]		否
9	变压器绕组表 220kV[illegible] #1主变-高 B相电流幅值	220kV[illegible]		否

√ 限值表

序号	限值ID号	厂站ID号	限值名称	正常上限值	正常下限值	事故上限值	事故下限值	第三上限值	第三下限值
1	变压器绕组表 220kV[illegible] #1主变-低 电流值	220kV[illegible]	主变限值	4999.0000	0.0000	0.0000	0.0000	0.0000	0.0000
2	变压器绕组表 220kV[illegible] #1主变-高 电流值	220kV[illegible]	主变限值	200.0000	0.0000	0.0000	0.0000	0.0000	0.0000

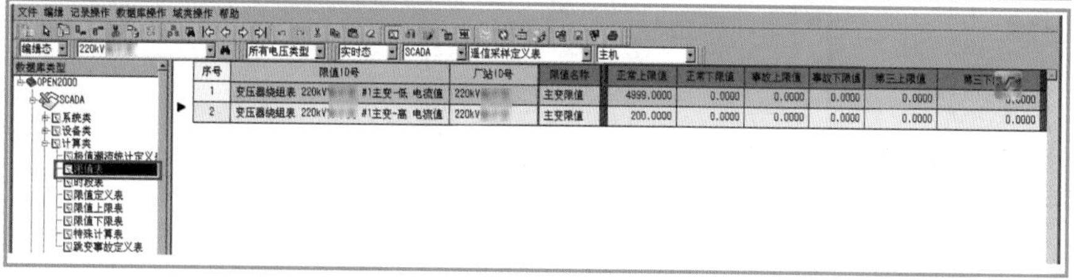

温馨提示

√ 实现越限报警有两种方式：

1）遥测越限即在限值表中输入限值，当对应遥测数据越限时，就会依据告警方式定义产生相应的告警行为。限值表最多支持录入四组不同的限值。

2）设备越限即在设备表“越限检验标志”域设置为“是”，并在相应设备表填入限值，当设备遥测数据越限时，接线图上设备图元会闪动，并依据告警方式定义产生告警行为。设备越限支持母线、变压器、交流线段、发电机四类。

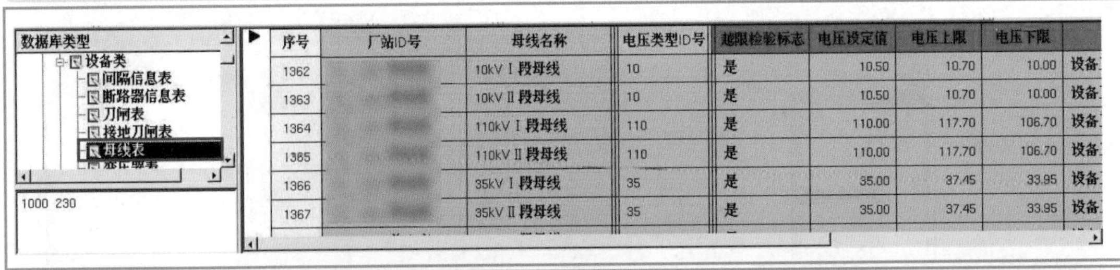

序号	厂站ID号	母线名称	电压类型ID号	越限检验标志	电压设定值	电压上限	电压下限	
1362	[illegible]	10kV Ⅰ段母线	10	是	10.50	10.70	10.00	设备
1363	[illegible]	10kV Ⅱ段母线	10	是	10.50	10.70	10.00	设备
1364	[illegible]	110kV Ⅰ段母线	110	是	110.00	117.70	106.70	设备
1365	[illegible]	110kV Ⅱ段母线	110	是	110.00	117.70	106.70	设备
1366	[illegible]	35kV Ⅰ段母线	35	是	35.00	37.45	33.95	设备
1367	[illegible]	35kV Ⅱ段母线	35	是	35.00	37.45	33.95	设备

数据库类型
断路器信息表
刀闸表
接地刀闸表
母线表
变压器表
变压器绕组表
1000 251

序号	厂站ID号	变压器绕组名称	额定功率	功率事故限	额定电压	额定电流	有功正常限	有功事故限
2687	[illegible]	#2主变-高	50.00	0.00	110.00	262.44	0.00	0.00
2688	[illegible]	#2主变-低	50.00	0.00	10.50	2749.36	0.00	0.00
2689	[illegible]	#1补偿所变-高	0.00	0.00	0.00	0.00	0.00	0.00
2690	[illegible]	#1补偿所变-低	0.00	0.00	0.00	0.00	0.00	0.00
2691	[illegible]	#2补偿所变-高	0.00	0.00	0.00	0.00	0.00	0.00
2692	[illegible]	#2补偿所变-低	0.00	0.00	0.00	0.00	0.00	0.00

8. 数据多源定义

工作内容

√ 打开 /SCADA/ 参数类 / 遥测定义表，在“是否点多源”域中选择：若选择“是”，则在点多源表自动生成一条记录；若选择“否”，则在点多源表自动删除相关记录。

√ 打开 /SCADA/ 计算类 / 点多源信息表，填入“类型”“来源数目”等。

作业流程	作业要求
√ 遥测定义表	见下表
√ 点多源信息表	见下表

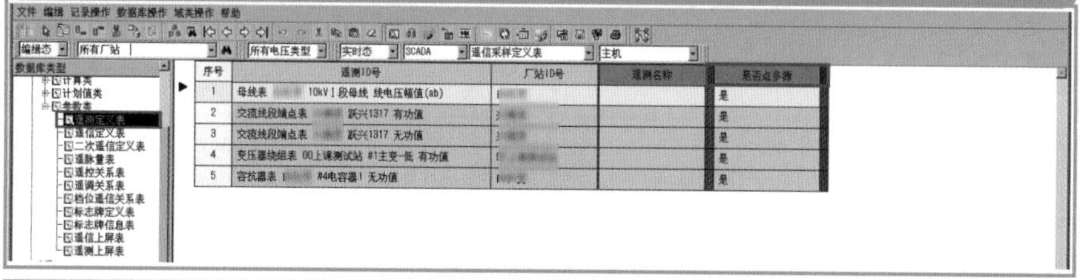

√ 遥测定义表

序号	遥测ID号	厂站ID号	遥测名称	是否点多源
1	母线表 10kV I 段母线 线电压幅值(ab)			是
2	交流线段端点表 跃兴1317 有功值			是
3	交流线段端点表 跃兴1317 无功值			是
4	变压器绕组表 00上课测试站 #1主变-低 有功值			是
5	容抗器表 #4电容器1 无功值			是

√ 点多源信息表

序号	结果ID	厂站ID	类型	是否取状态估计	当前源	来源数目	来源ID
1	母线表 10kV I 段母线 线电压...	白杜变	自动	否	0	0	
2	交流线段端点表 1317 有功值	兴海变	人工	否	0	1	交流线段端点表 22..
3	交流线段端点表 1317 无功值	兴海变	人工	否	0	1	交流线段端点表 22..
4	交流线段端点表 1317 电流值	兴海变	人工	否	0	1	交流线段端点表 22..
5	变压器绕组表 00上课测试站 #1主变-...	00上课测试站	自动	否	1	2	变压器绕组表 洞桥..
6	容抗器表 #4电容器1 无功值	白杜变	自动	否	0	0	

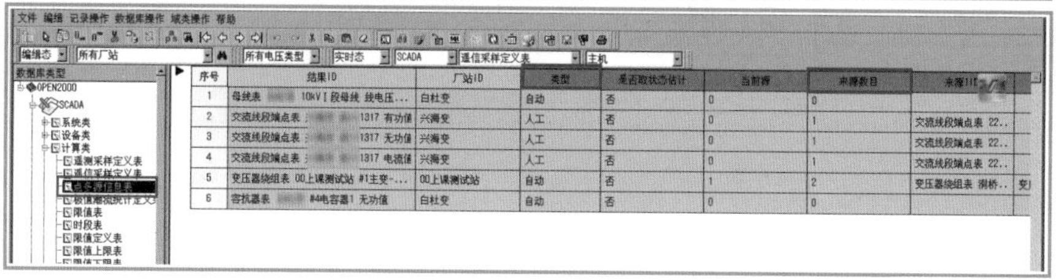

9. 特殊计算定义

工作内容

√ 打开 /SCADA/ 计算类 / 特殊计算表，输入以下域：结果 ID 号、计算类型、来源数目、各来源 ID 等。例如，计算类型为档位，则结果 ID 应为某变压器绕组的分接头位置，各来源 ID 应为档位遥信量。

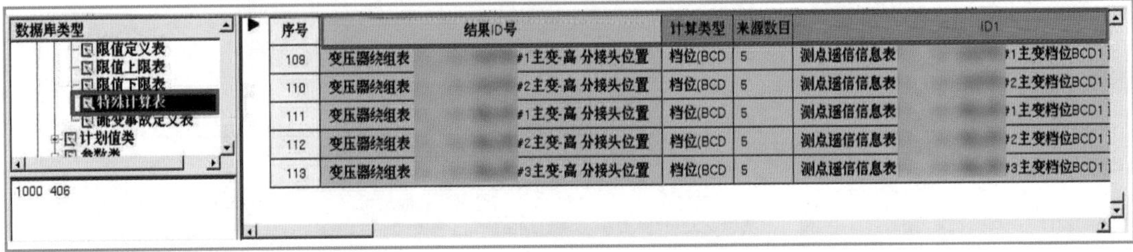

四 辅助功能定义

1. 公式定义

工作内容

√ 在计算值表中输入需做公式的计算值。

√ 总控台界面打开公式定义与显示，或者在终端窗口命令行下运行“formula_define ”命令，打开公式定义工具，切换至“编辑态”，右击左边的公式树，选择“添加公式”，定义“公式名”“操作数个数”“数据源”“计算公式”等。

√ 单击“语法检查”按钮，自动检查公式的语法是否有错。

√ 通过语法检查后，保存公式。

温馨提示

√ 为减轻系统计算负担，建议对实时性要求不强的公式计算周期设置在 30s，网供总加、统调总加、各县关口等对实时性有要求的公式则保持默认值 5s 不变。

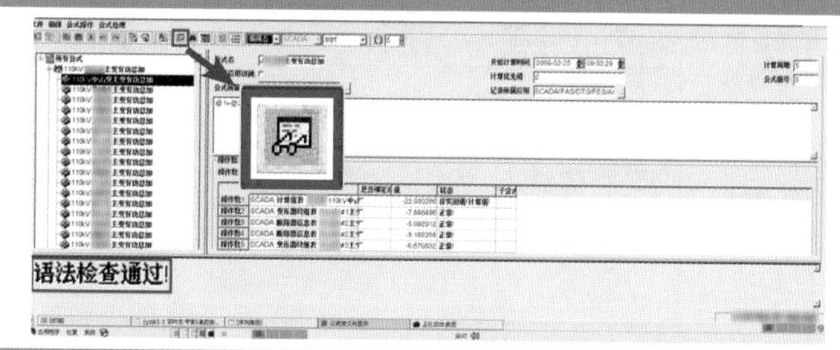

温馨提示

√ 切换到不同的应用查看计算结果，在 SCADA 应用下看到的是利用 SCADA 数据计算的结果，在 PAS 应用下看到的是利用 PAS 数据计算的结果。如果不需要切换应用，则选中“是否绑定应用”选项。

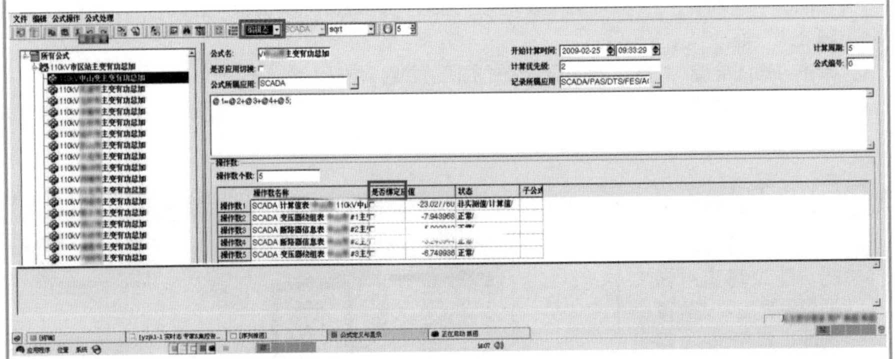

2. 报表定义

工作内容

√ 单击报表界面左下角的“管理”按钮，创建报表。

√ 输入报表名，选择报表类型和子类型。

√ 单击修改报表，进入该报表的正文，进行数据定义。

√ 完成数据定义并保存报表后，单击左下角“浏览”按钮，检查报表数据显示是否正确。

√ 再次单击左下角“浏览”按钮，选中“同时生成 HTML”和“存储到商用库”选项，将报表发送至商用库供 Web 浏览使用。

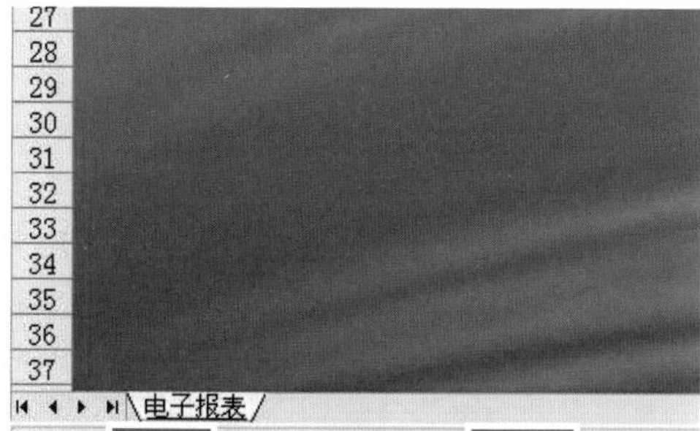

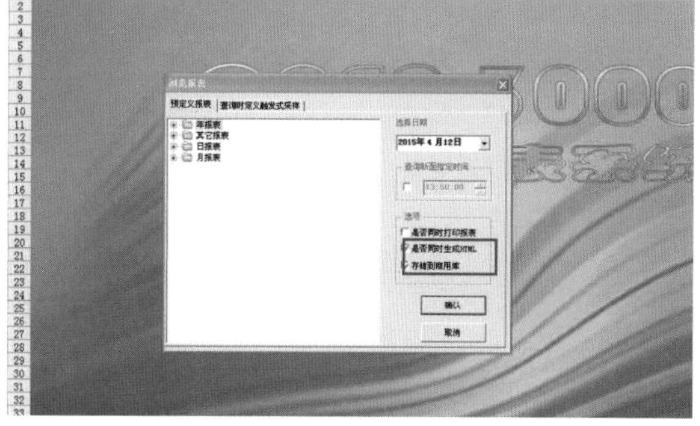

第三部分

信息联调

1 2 3 4 5

一 作业前准备

申请单的发起与批复

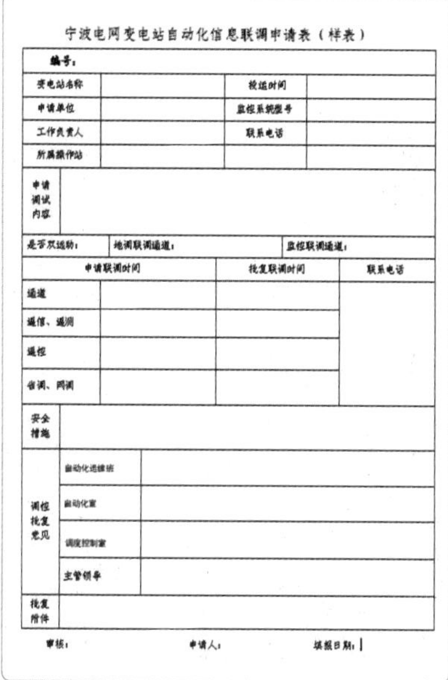

宁波电网变电站自动化信息联调申请表（样表）

<table>
<tr><td colspan="4">编号：</td></tr>
<tr><td>变电站名称</td><td></td><td>投运时间</td><td></td></tr>
<tr><td>申请单位</td><td></td><td>监控系统型号</td><td></td></tr>
<tr><td>工作负责人</td><td></td><td>联系电话</td><td></td></tr>
<tr><td>所属操作站</td><td></td><td></td><td></td></tr>
<tr><td>申请调试内容</td><td colspan="3"></td></tr>
<tr><td>是否双遥动：</td><td colspan="2">地调联调通道：</td><td>监控联调通道：</td></tr>
<tr><td colspan="2">申请联调时间</td><td>批复联调时间</td><td>联系电话</td></tr>
<tr><td>通道</td><td></td><td></td><td rowspan="4"></td></tr>
<tr><td>遥信、遥测</td><td></td><td></td></tr>
<tr><td>遥控</td><td></td><td></td></tr>
<tr><td>省调、网调</td><td></td><td></td></tr>
<tr><td>安全措施</td><td colspan="3"></td></tr>
<tr><td rowspan="4">调控批复意见</td><td>自动化运维班</td><td colspan="2"></td></tr>
<tr><td>自动化室</td><td colspan="2"></td></tr>
<tr><td>调度控制室</td><td colspan="2"></td></tr>
<tr><td>主管领导</td><td colspan="2"></td></tr>
<tr><td>批复附件</td><td colspan="3"></td></tr>
</table>

审核：　　申请人：　　填报日期：

工作内容

√ 变电站现场作业单位完成变电站监控系统站内调试，确保站内信息验证正确。

√ 变电站现场作业单位向调控中心发起自动化信息联调申请。

√ 调控中心批复相关申请，并指定调度端本次联调作业工作负责人。

二 作业流程与作业标准

1. 模拟通道的配置与调试

模拟通道是指利用 Modem 装置通过 PCM 四线音频通道传输自动化数据。常见的规约类型有 IEC 60870-5-101、部颁 CDT 等。

工作内容

√ 根据待接入厂站的通信通道情况，分配前置采集屏上模拟通道板的位置，并确定上行线与下行线位置正确无误。

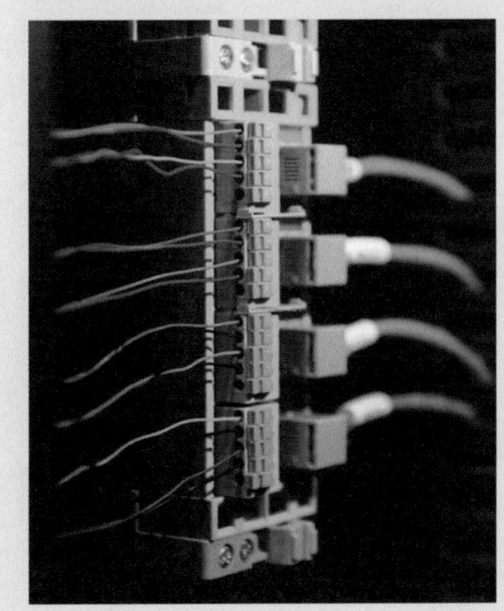

工作内容

√ 对前置采集屏上待接入厂站的模拟通道板进行跳线，使其通信参数与变电站现场通信参数一致。

工作内容

√ 对待接入厂站通道的规约进行调试。打开报文解释工具界面，观察报文是否正确，并进行数据总召唤测试。

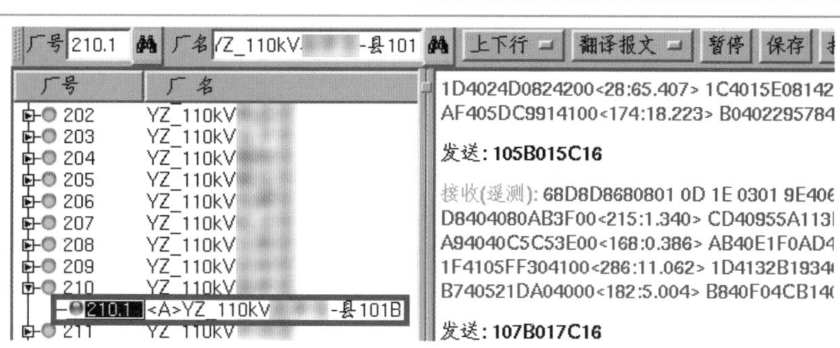

温馨提示

1）核对变电站侧报文与调度主站侧报文是否一致、有无报文丢失情况。

2）必要时可进行自环测试，验证通道状况是否良好。在变电站侧将上行线与下行线对接，由调度主站自发自收来验证有无报文丢失情况。

3）进行数据总召唤时，注意观察报文分组数据是否连贯，上一组最后一个报文数据的序号必须与下一组最前一个报文数据的序号相连贯。

2. 网络通道的配置和调试

√ 网络通道是通过电力调度数据网向调度主站传输变电站远动信息的通道，具有传输效率高、配置灵活等优点，是目前变电站远动通道的主流模式。

工作内容

√ 相应的前置服务器上 ping 变电站侧远动主机的 IP 地址。

```
//       :/users/ems % ping
PING        : (        ): 56 数据字节
64 字节来自        : icmp_seq=0 ttl=61 时间 = 7ms
64 字节来自        : icmp_seq=1 ttl=62 时间 = 7ms
```

工作内容

√ 对待接入厂站通道的规约进行调试。打开报文解释工具界面，观察报文是否正确，并进行数据总召唤测试。

3. 遥测、遥信核对

遥测、遥信核对流程

（1）准备工作。

√ 打开待试验厂站主接线图、间隔图、前置实时数据监视界面、告警窗等。

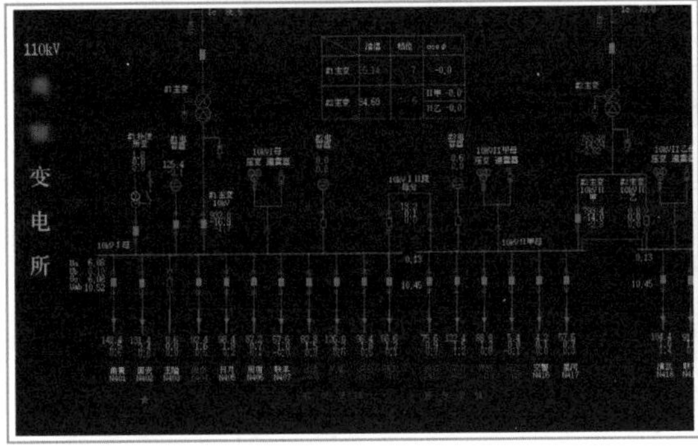

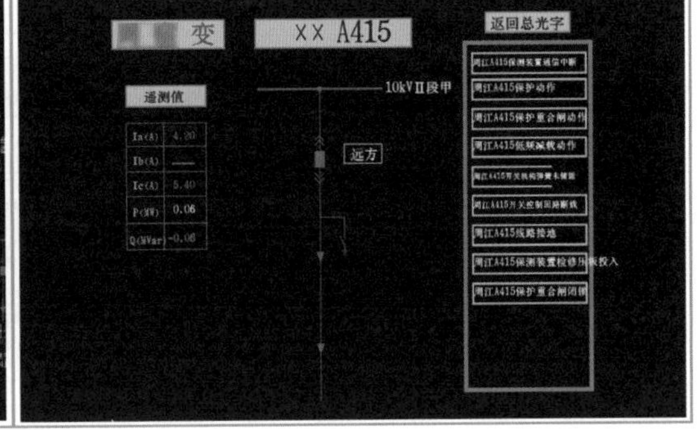

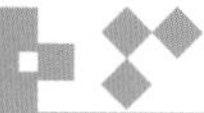

厂号 433 厂名 名称 差异% 0 接收数据 刷新周期 2秒 参数重载 第1组 保存 退出

厂号	厂名
348	BL_
349	BL_
350	BL_
351	BL_
362	FH_110kV
364	FH_110kV
366	FH_110kV
368	FH_110kV
398	地调天文钟
402	
402.1	<B>110kV 主101
403	
404	
405	
406	
407	
430	
432	
433	
434	

遥测 遥信 遥脉

	遥测名称	通道/点号	遥测值	通道/点号	遥测值
78	A412_C相电流值	101/93	73.800	104地调第一接入网/93	75.000
79	A413_有功值	101/94	1.481	104地调第一接入网/94	1.481
80	A413_无功值	101/95	1.278	104地调第一接入网/95	1.278
81	A413_电流值	101/96	126.000	104地调第一接入网/96	126.000
82	A413_C相电流值	101/98	123.600	104地调第一接入网/98	123.600
83	A414_有功值	101/99	1.200	104地调第一接入网/99	1.200
84	A414_无功值	101/100	0.982	104地调第一接入网/100	0.966
85	A414_电流值	101/101	93.000	104地调第一接入网/101	93.000
86	A414_C相电流值	101/103	98.400	104地调第一接入网/103	97.800
87	A415_有功值	101/104	0.047	104地调第一接入网/104	0.062
88	A415_无功值	101/105	-0.047	104地调第一接入网/105	-0.031
89	A415_电流值	101/106	6.000	104地调第一接入网/106	4.200
90	A415_C相电流值	101/108	4.200	104地调第一接入网/108	5.400
91	N416_有功值	101/109	-0.031	104地调第一接入网/109	-0.016
92	N416_无功值	101/110	-0.047	104地调第一接入网/110	-0.062
93	N416_电流值	101/111	2.400	104地调第一接入网/111	2.400
94	N416_C相电流值	101/113	4.200	104地调第一接入网/113	4.200
95	N417_有功值	101/114	0.359	104地调第一接入网/114	0.374
96	N417_无功值	101/115	0.031	104地调第一接入网/115	0.047

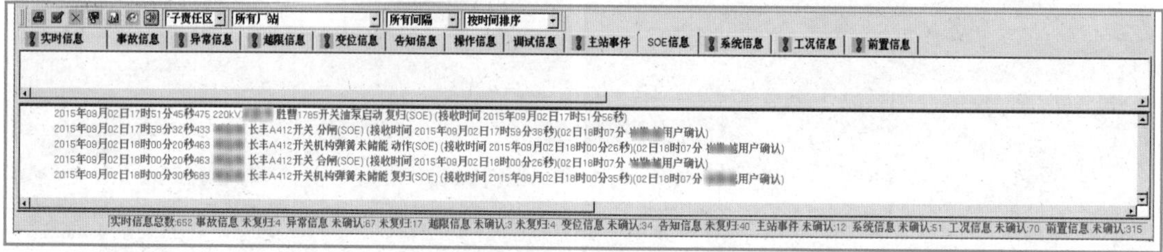

（2）遥测核对工作内容。

√ 厂站人员上送遥测模拟值后，主站人员在一次接线图或 show_real 界面中与厂站人员核对主站侧的遥测值是否正确，并在遥测联调记录中记录相应的遥测值。

温馨提示

1）接线图及间隔图中的遥测值必须核对。
2）若遥测值不正确，应立即分析原因并处理。
3）若有做了遥测封锁的信息需核对，可在前置 fes_real 界面中进行，后台的遥测封锁对前置不起作用。
4）核对多个通道收到的数据是否一致。

（3）遥信核对工作内容。

√ 厂站人员上送遥信信息后，在告警窗核对遥信变位记录，在一次接线图中核对遥信状态，在间隔图中核对光字牌状态，若接线图或间隔图中没有的遥信则在 show_real 界面中核对。核对后做好记录。

温馨提示

1）遥信变位信息与相应的 SOE 的一致性。
2）遥信变位信息主站收到的时间与现场一致性。
3）接线图中设备的状态与告警窗中遥信变位的一致性（包括断路器、隔离开关及光字牌等）。
4）相关遥信的先后顺序是否正确，信息有无遗漏。
5）遥信变位后的告警动作是否正常，如收到事故总信号后有没有推画面及音响告警等。
6）核对多个通道收到的数据是否一致。

（4）工作内容。

√ 遥测、遥信核对的工作要求。

温馨提示

1）遥测、遥信核对应在厂站监控系统完成站内信息调试，并验证正确后进行。

2）自动化系统画面、数据库以及设计图纸均应采用一次设备标准化名称，不得使用简称替代。

3）遥测遥信核对过程中，两侧联调人员均应按典型信息表名称规范进行诵读，不得简化、省略，避免出现歧义，同一项核对工作应尽量由同一组人员完成。

4）具有多个通道的厂站在进行遥测、遥信核对前应选择其中一条通道作为试验通道，并将其它通道的优先级降低或者将其它通道临时封锁。

5）具有多个通信规约的试验厂站在与调度主站监控系统以一种通信规约完成全部遥测遥信核对后，另一种规约可抽选重要信息点进行抽对。

6）变电站远动主机为双主模式的，在完成一台远动主机的全部遥测遥信核对后，可切换至另一台远动主机进行重要信息点抽对。

4. 遥控试验

（1）与厂站端核对遥控对象状态。

工作内容

√ 与厂站工作负责人核对遥控对象实际分 / 合闸状态、远方 / 就地状态、出口压板状态等，如果现场设备状态及安全措施不到位，禁止下一步操作。

（2）打开遥控界面。

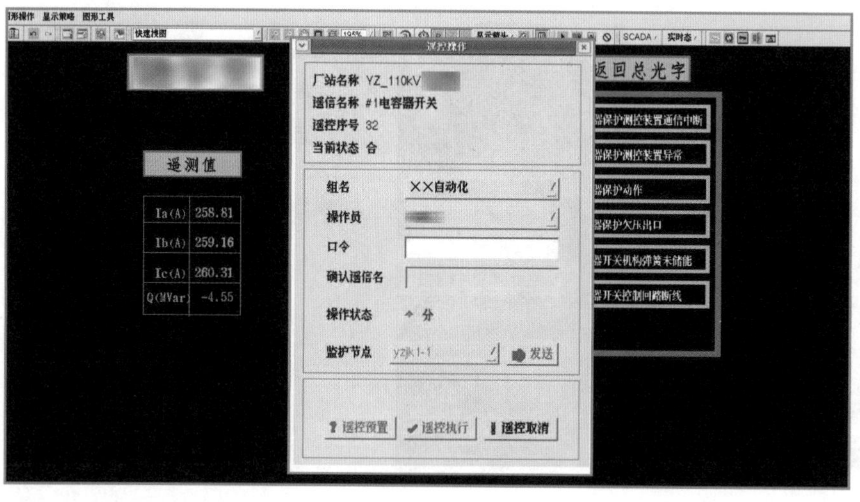

工作内容

√ 在遥控试验厂站间隔接线图上，右击遥控对象，打开遥控界面。

（3）遥控预置。

工作内容

√ 与厂站调试人员核对遥控对象名称及遥控号（规约中的上传序号）并确认安全措施到位，在画面中输入遥控对象名、遥控操作（分或合）、操作员口令，选择监护工作站并发送；监护人员在监护工作站完成监护；单击遥控预置。

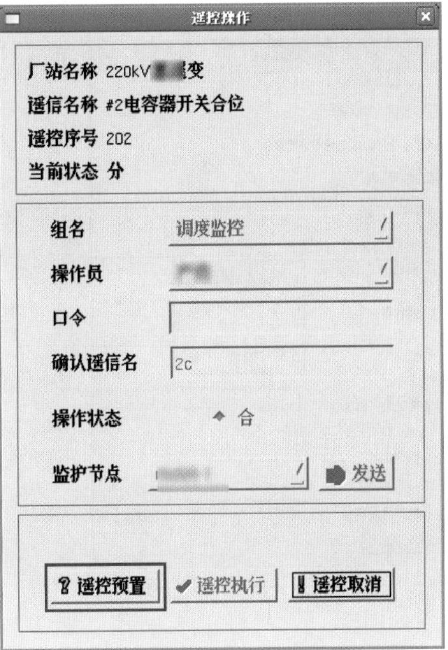

(4)遥控执行。

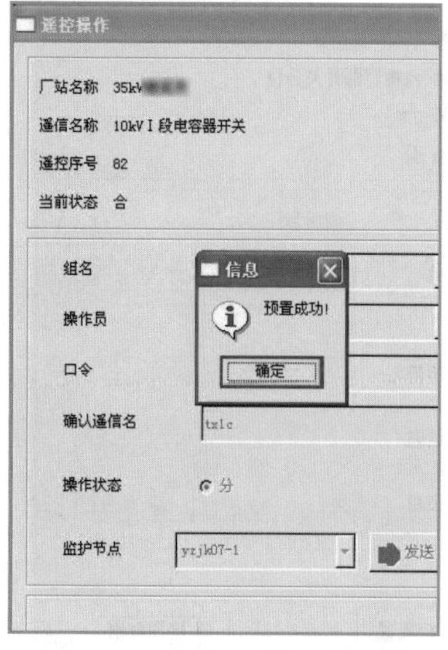

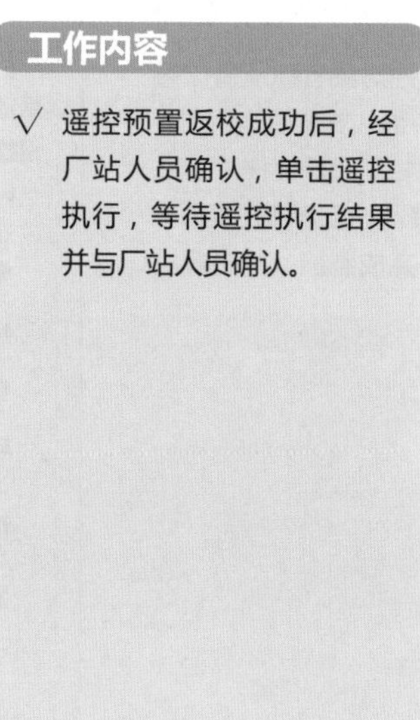

工作内容

√ 遥控预置返校成功后，经厂站人员确认，单击遥控执行，等待遥控执行结果并与厂站人员确认。

（5）遥控结果核对。

工作内容

√ 核对遥控成功后的相关遥信信号是否完整正确，在遥控试验记录中做好记录并签名。

温馨提示

1）具有多个通信通道的变电站，每个通道的遥控试验必须全部试验。

2）变电站的所有远动机均需进行遥控试验，双主模式由主站端进行切换，主备模式由厂站端进行切换。

三 联调报告

1. 联调记录的编制

工作内容

√ 信息联调作业过程中，应将联调情况、时间、参与人员等内容及时记录到联调记录表中。存在问题或暂不具备对点条件的信号，应注明原因，如能处理需补做试验，如不能处理需记录在联调报告中。

A. 1监控信息联调验收记录表（遥测）								
**变监控信息联调验收记录表（遥测）								
序号	信息描述	厂站上送数据	主站接收数据	验收结果		联调时间	验收结果	备注
				通道一	通道二			

A.2监控信息联调验收记录表（遥信）												
**变监控信息联调验收记录表（遥信）												
序号	信息描述	信息分类	核对方式	实际状态	厂站上送状态	主站接收状态	试验结果		对点时间	验收结果	备注
							通道一	通道二			

A.3监控信息联调验收记录表（遥控遥调）															
**变监控信息联调验收记录表（遥控遥调）															
序号	信息描述	信息核对	实际运行状态	遥控方式	主站试验状态			试验结果		对点时间	操作人	验收结果	监护人	备注
					取反/恢复	画面状态	遥控指令	通道一	通道二					

2. 联调报告的编制

工作内容

√ 完成联调记录汇总整理后，需将本次信息联调的情况进行分析，并编制成联调报告。

110千伏变联调报告**

工程名称：110kV**变	
调度控制中心：**电网调控中心	
联调概况： 2014年8月26日进行了**调控SCADA系统110千伏**变全站运行间隔相关信息核对工作，涉及遥测***个，遥信***个，遥控***个，其中遥测遥信采用*****的方式，遥控采用******遥控方式，遥控测试在*****通道上进行。 详见《110kV**变调控信息接入联调记录表》。	
联调情况及意见：按照调试信息表范围内的通道、遥信、遥测、遥控完成核对，除部分信息外，其余信息均核对正确，且存在问题的信息点已消缺，或者不影响变电站正常运行，在调控信息方面该部分信号具备投运条件。	
存在问题：详见附表	
处理意见：	
主站调试、验收人员：	
编制人员：	编制日期：2014年8月26日
审核人员：	审核日期：2014年8月28日

附表1：

110kV**变遥信核对情况
遥信数据核对均正确

附表2：

110kV**变遥测核对情况
遥测数据核对均正确

附表3：

110kV变遥控核对情况**

点号	信息描述	问题
45	#1主变10kV开关	#1主变10kV开关分闸后，主站遥控和现场手动都无法合闸，报紧急缺陷 月28日已消缺

附表4：

110kV**变通道联调情况
101通道报文收发正常，数据总召唤正常

第四部分

投产启动

1 2 3 4 5

一 图库及参数调整

1. 遥测采样定义

工作内容

√ 根据遥测采样规则，在遥测采样定义工具界面对需要采样的遥测量进行定义。除计划值定义为“被动周期采样—定义到 5 分钟”，其余均定义为“主动周期采样—定义到 5 分钟”。

2. 公式定义调整

工作内容

√ 根据运方的启动投产方案，新增或者变更对应关口公式的分量。

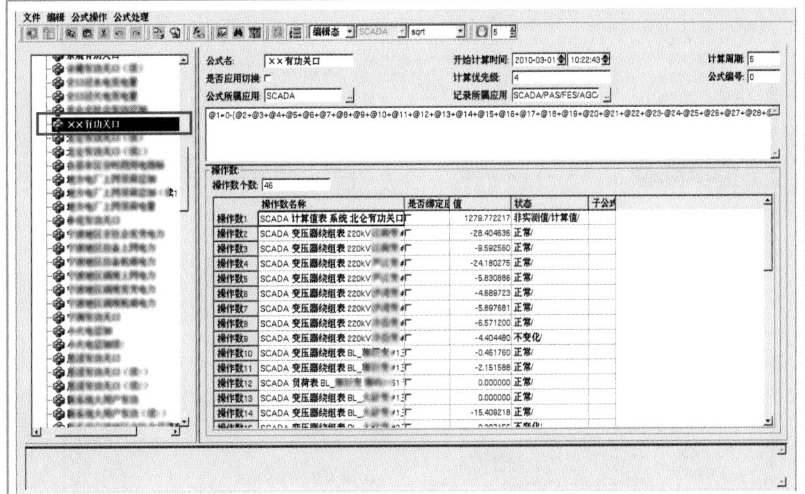

3. 责任区调整

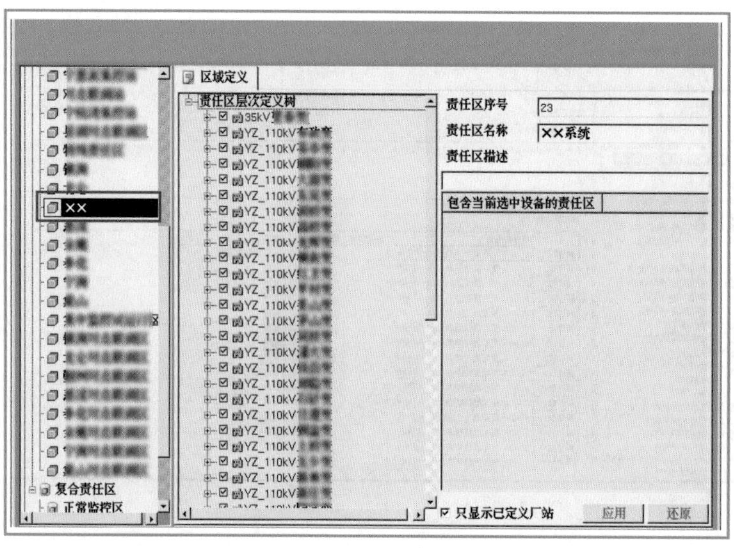

工作内容

√ 对点联调结束后、启动投产前，将投产变电站移出“对点联调站”责任区，加入该变电站对应责任区。

二 AVC 功能调试

1. AVC 图形建模

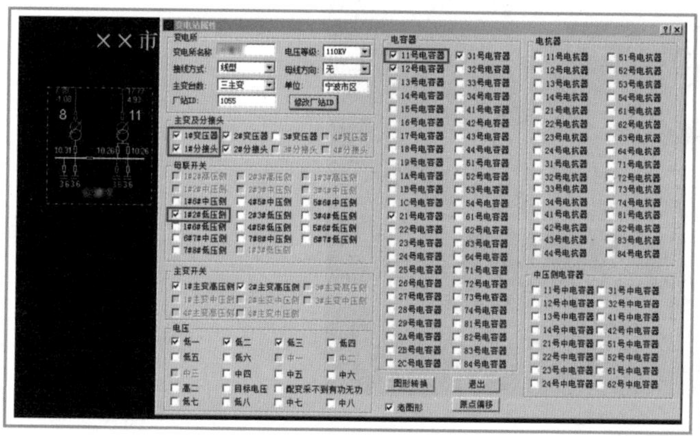

工作内容

√ 用 AVC 画图程序 DRAWQT 将需要添加变电站所属图形从地县一体化 AVC 服务器 /users/ems/top5000/pic 目录中复制出，根据实际接线方式选中相对应的设备，并添加所对应的变电站参数。

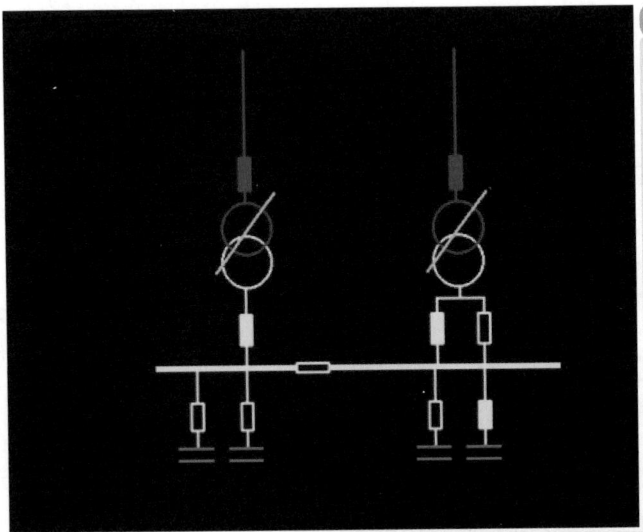

工作内容

√ 将建模好的图形放入AVC服务器 /users/ems/top5000/pic 目录下面，并重启 AVC 进程。将会生成图形。

温馨提示

√ 每个变电站所对应图形的厂站 ID 是唯一的，不可重复。

2. 添加数据库

工作内容

√ 使用检索器对 SCADA 中遥信转发 AVC 表、遥测转发 AVC 表、遥控 AVC 关系表进行参数录入。

作业流程	作业要求
√ 遥信转发 AVC 表中录入	√ 遥信 ID、厂站 ID、序号。

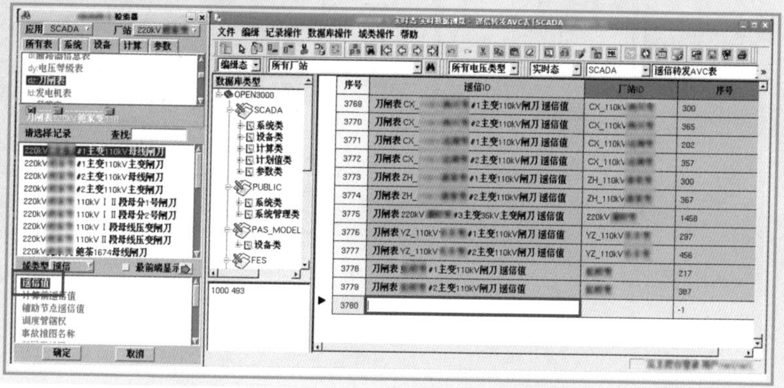

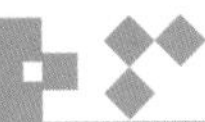

作业流程

√ 遥测转发 AVC 表中录入

√ 遥测 ID、厂站 ID、序号。

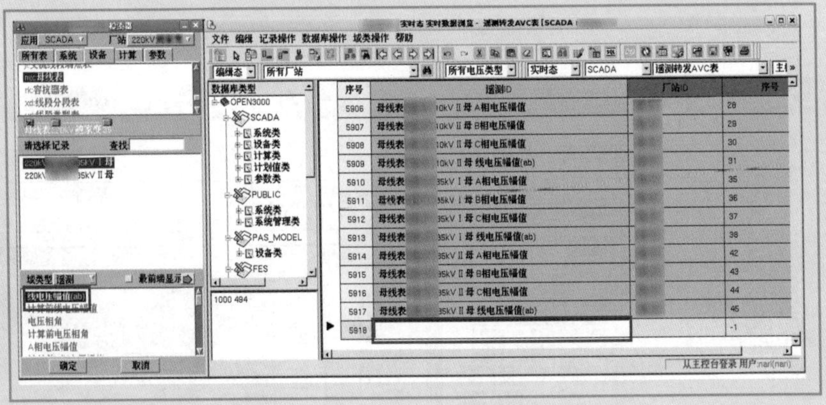

应用 SCADA
厂站 220kV
所有表 系统 设备 计算 参数
rk:容抗器表
xd:线段分段表
请选择记录
查找
220kV 35kV II 母
域类型 遥测
最前端显示
线电压幅值(ab)
电压相角
计算前电压相角
A相电压幅值
确定 取消
实时态 实时数据浏览 - 遥测转发AVC表 [SCADA
文件 编辑 记录操作 数据库操作 域类操作 帮助
编辑态 所有厂站 所有电压类型 实时态 SCADA 遥测转发AVC表
数据库类型
OPEN3000
SCADA
系统类
设备类
计算类
计划值类
参数类
PUBLIC
系统类
系统管理类
PAS_MODEL
设备类
FES
1000 484
序号 遥测ID 厂站ID 序号
5906 母线表 10kV II 母 A相电压幅值 28
5907 母线表 10kV II 母 B相电压幅值 29
5908 母线表 10kV II 母 C相电压幅值 30
5909 母线表 10kV II 母 线电压幅值(ab) 31
5910 母线表 35kV I 母 A相电压幅值 35
5911 母线表 35kV I 母 B相电压幅值 36
5912 母线表 35kV I 母 C相电压幅值 37
5913 母线表 35kV I 母 线电压幅值(ab) 38
5914 母线表 35kV II 母 A相电压幅值 42
5915 母线表 35kV II 母 B相电压幅值 43
5916 母线表 35kV II 母 C相电压幅值 44
5917 母线表 35kV II 母 线电压幅值(ab) 45
5918 -1
从主控台登录 用户:nari(nari)

作业流程

√ 遥控 AVC 关系表中录入

√ 遥信 ID、名称。

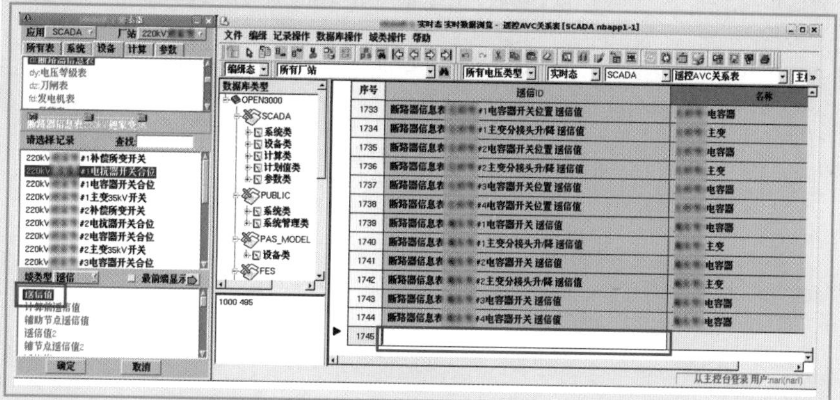

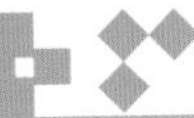

温馨提示

1）数据库中的序号、名称需手工填写，应保持与 SCADA 前置信息保持一致，均不得重复。其他参数都需使用 SCADA 系统自带的检索器拖入。

2）遥信 ID 需要使用检索器拖入以下参数：主变高、中、低压侧断路器；母联断路器；电容器或者电抗器断路器；厂站 ID。

3）遥测 ID 需要使用检索器拖入以下参数：主变高压侧有功、无功，档位分接头值，线电压和三相电压值。

3. AVC 图形参数录入

工作内容

√ 在新建厂站接线图双击设备的相应位置录入所需的遥信、遥测、遥控参数。

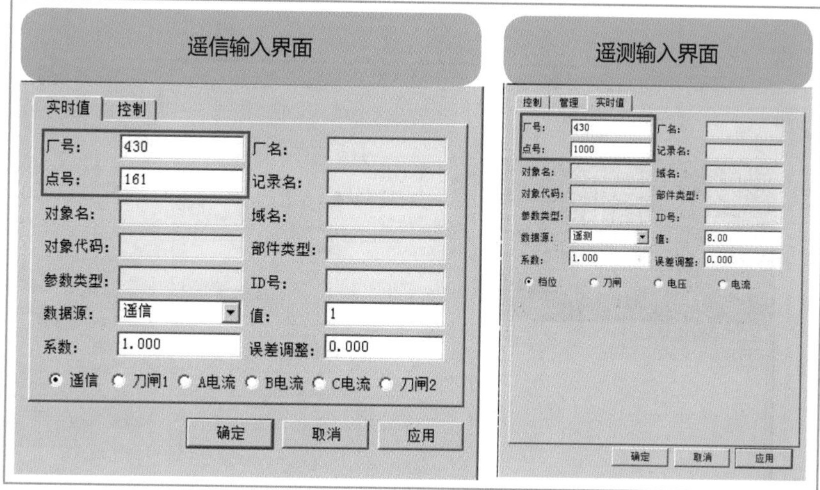

工作内容

√ 主变分接头参数录入。

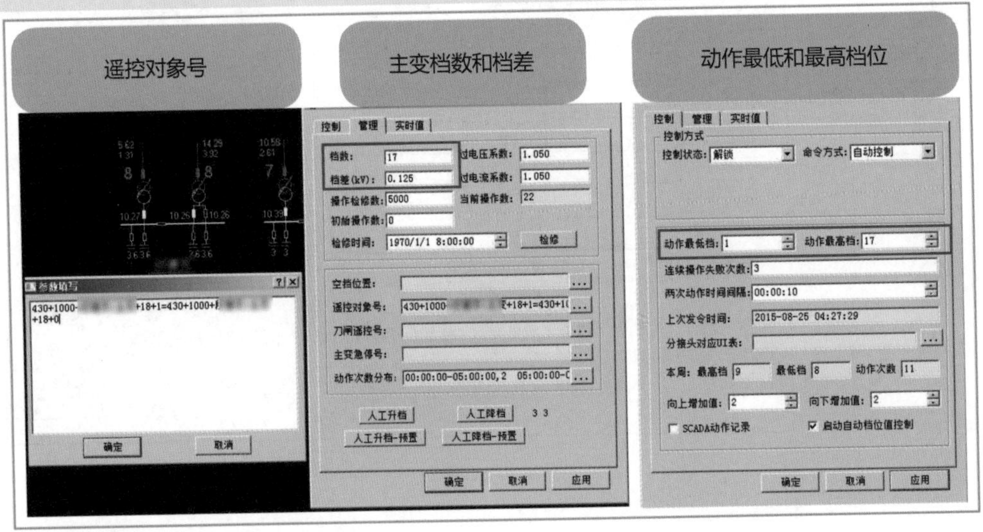

遥控对象号

主变档数和档差

动作最低和最高档位

参数填写

430+1000- +18+1=430+1000+ +18+0

确定 取消

控制 管理 实时值

档数: 17　过电压系数: 1.050

档差(kV): 0.125　过电流系数: 1.050

操作检修数: 5000　当前操作数: 22

初始操作数: 0

检修时间: 1970/1/1 8:00:00　检修

空挡位置:

遥控对象号: 430+1000- +18+1=430+1(

刀闸遥控号:

主变急停号:

动作次数分布: 00:00:00-05:00:00,2 05:00:00-(

人工升档　人工降档　3 3

人工升档-预置　人工降档-预置

确定 取消 应用

控制 管理 实时值

控制方式

控制状态: 解锁　命令方式: 自动控制

动作最低档: 1　动作最高档: 17

连续操作失败次数: 3

两次动作时间间隔: 00:00:10

上次发令时间: 2015-08-25 04:27:29

分接头对应UI表:

本周: 最高档 9　最低档 8　动作次数 11

向上增加值: 2　向下增加值: 2

SCADA动作记录　启动自动档位值控制

确定 取消 应用

工作内容

√ 主变容量录入。

√ 电容器开关参数录入。

遥控对象号

控制 管理 高级 拓扑 实时值

电压额外增长量: 0.00 动作电压测点数: 50

电压诊定值: 11.00 启动动态无功系数

动作次数分布:

遥控对象号: 430+1+ 1电容器+70

负荷增长时间段: 06:00:00-09:10:00 11:30:00-1

动态无功流向系数: 00:00:00-05:00:00,3-0 05:00:

无功流向系数: 2.000 无功倒流系数: 0.600

电压增量(kV): 0.18 0.02 0.02

动态电压增量 动态电压增长量(kV):

电压变化 无功变化 封锁原因特殊

0--0 人工投入 人工切除

人工投入-预置 人工切除-预置

确定 取消 应用

工作内容

√ 电容器容量录入。

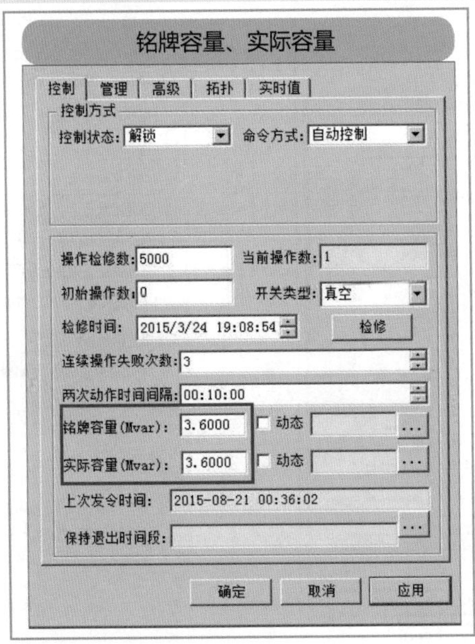

工作内容

√ 电压控制范围参数录入：电压上下限、动态电压。

电压上下限

控制 管理 高级 实时值 历史值

控制方式

控制状态：解锁 命令方式：自动控制

电压上下限(kV)

中压侧上限：38.50 中压侧下限：35.00

低压侧上限：10.60 低压侧下限：10.10

逆调压上限：10.68 逆调压下限：10.15

控制参数

过负荷系数：1.05 逆调压 动态电压

并列过负荷系数：1.05 电压越限报警 紧急

无功相加 波动趋势 功率因数越限报警

确定 取消 应用

温馨提示

1）遥信、遥测参数录入：开关位置和档位值，电压值输入对应的厂号，点号为遥信转发 AVC 表、遥测转发 AVC 表、遥控转发 AVC 表中相对应的点号。

2）遥控信息参数录入：

分接头参数录入：格式为“厂站号 + 校验位 + 名称 + 遥控序号 + 位置位 = 厂站号 + 校验位 + 名称 + 遥控序号 + 位置位”。所填写的参数必须与之前遥信转发 AVC 表、遥测转发 AVC 表、遥控转发 AVC 表中填入的信息相一致。“=”之前的为升档设置，“=”之后的为降档设置。

电容器的遥控命令和主变分接头档位类似，只是没有后面的“+1”（置分）或者“+0”（置合）。

3）电容器的容量默认值为 3Mvar、主变容量默认值为 150Mvar、分接头动作最低为 1 档和最高档位为 7 档、主变档差默认值为 0.25、动态电压需要在动态电压对应时间段内修改，未启动系统默认为 10.1~10.68kV。

4）投运前核对 SCADA 变电站的状态和 AVC 系统实时显示状态一致。

4. 遥控验证试验

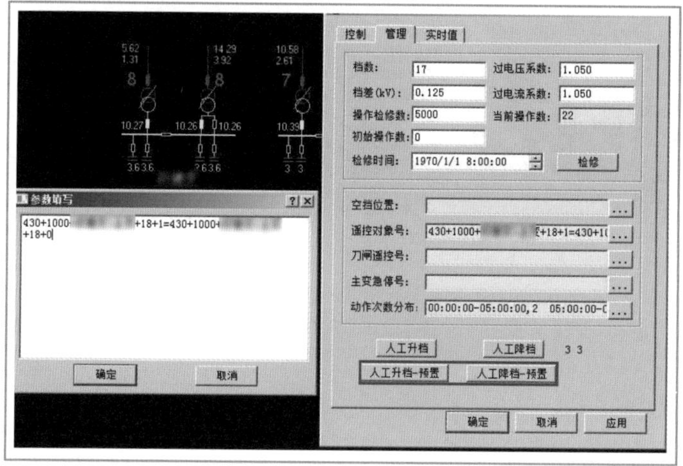

工作内容

√ 单击图形中的预置按钮，在 SCADA 告警窗中查看操作信息的预置命令，预置成功后工作结束。当需该厂站 AVC 功能投入时，把设备状态改成解锁和自动控制，变电站即纳入 AVC 系统闭环自动控制。

第五部分

典型案例

1 2 3 4 5

1. 越限检验标志未设置导致设备越限不会告警

故障现象

√ 某供电公司对所属的变电站进行了主变越限设置，但是在运行中出现 A 变电站 1 号主变负载越限，系统却未提示告警。

故障排查思路

√ 在地县调控一体化系统中，越限可通过设备越限和遥测越限两种方式实现，其中设备越限需填写额定容量、额定电流等参数，并将设备表的“越限检验标志”域设为“是”，遥测越限则需在限值表中触发生成记录，并填写遥测的上下限值。

处理过程

√ 打开数据库 /SCADA/ 变压器表进行检查，发现 A 变电站的 #1 主变的“额定功率”“功率事故限”“额定电流”等域均已填写限值，但“越限检验标志”域仍为“否”。将其改为“是”，并发送模拟数据进行测试，系统能正确报警。

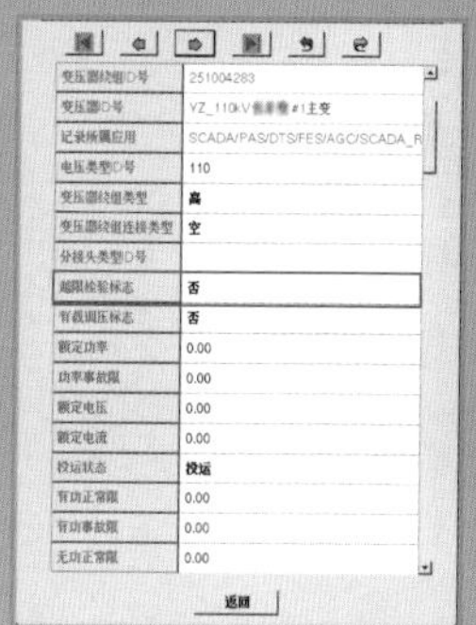

变压器绕组ID号	251004283
变压器ID号	YZ_110kV[illegible]#1主变
记录所属应用	SCADA/PAS/DTS/FES/AGC/SCADA_R
电压类型ID号	110
变压器绕组类型	高
变压器绕组连接类型	空
分接头类型ID号	
越限检验标志	否
有载调压标志	否
额定功率	0.00
功率事故限	0.00
额定电压	0.00
额定电流	0.00
投运状态	投运
有功正常限	0.00
有功事故限	0.00
无功正常限	0.00

返回

分析总结

√ 对于做限值的设备，需要分清楚是采用设备越限还是遥测越限，如果选择设备越限，需将对应设备表中记录的“越限检验标志”设为“是”，否则系统是不判设备越限的。若是遥测越限，需在限值表中填写相应的上下限值，在完成限值输入后，可通过发送模拟数据进行测试，确保系统在越限时能够正常告警。

2. 厂站未关联主接线图，导致事故推图不成功

故障现象

√ 某供电公司所属的 A 变电站，开关事故分闸、保护动作信号、告警窗事故信息、语音事故信息均正常，但事故画面推图未正确启动。

故障排查思路

√ 变电站发生事故后，根据开关事故分闸、保护动作信号、语音事故信息等均正常响应，代表系统已正确判断事故信息，但事故推图不成功。由此可从以下三个方面进行排查：

(1) 系统层面未设置事故推图的告警行为功能。

(2) 当前工作站采用个性化设置，抑制事故推图功能。

(3) 变电站与主接线图未正确关联，导致推图不成功。

处理过程

√ 打开告警服务定义 / 告警行为 / 事故告警行为，检查事故告警行为确定已定义了推画面功能。查看节点告警关系定义，未对该节点工作站进行单独的不推画面功能设置。打开 SCADA/ 系统类 / 厂站信息表，找到对应的 A 厂站，其关联的接线图名称为空，故无法正确推事故画面。编辑对应厂站接线图，正确关联厂站，经测试，推图成功。

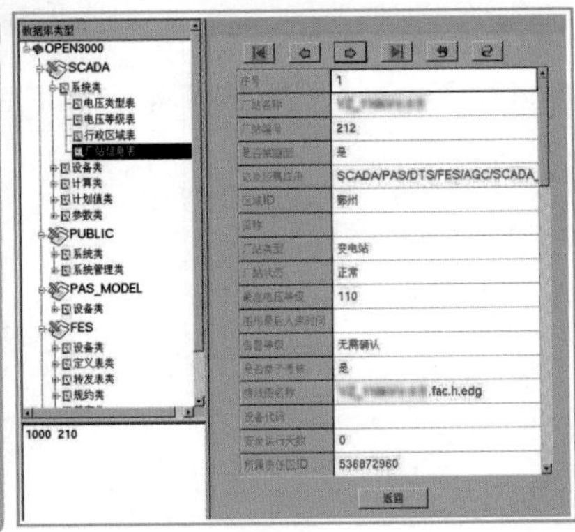

分析总结

√ 电网运行中，告警信息分为事故、异常、越限、告知四类，每类告警信息均对应一组告警行为，正确合理地定义告警定义方式，可帮助监控员快速、高效地处理各类电网运行信息，在信息联调应同步核对各类信息的告警定义方式。事故推画面等告警作为电网事故发生时的特殊告警方式，在完成功能设置后应进行专项模拟试验。

3. 合理值设置不当导致遥测数据异常

故障现象

√ 某供电公司所属的 A 变电站 10kV 母线出现 B 相单相接地，调度自动化系统中 10kV 母线 B 相电压变为零，但 A、C 两相电压未出现明显异常，未达到接地告警的门槛值，无法正确提示运行人员出现母线接地故障，导致故障发现及处理延迟。

故障排查思路

√ 电力系统母线单相接地时，接地相的电压会变成零，另两相的电压会显著升高至线电压数值，因此通常以此作为母线接地告警的判据。在本案例中，正常相的电压未升高，原因可能有 2 个，一个是母线相电压的合理值设置不当，另一个是母线相电压的遥测突变百分比设置不当，导致母线单相接地时，系统未及时提示告警。

处理过程

√ 打开数据库 / FES / 前置遥测定义表，检查 A 变电站的母线相电压遥测突变百分比，排除了遥测突变限制引起的原因。继续打开数据库 / SCADA / 母线表，检查 A 变电站的相电压合理值上下限，发现母线相电压合理值设置为 7.23，此值为母线相电压正常运行时的最大值上限，数值严重偏低，修改修正合理值数值为 11，并用模拟数据进行模拟，经测试故障排除。

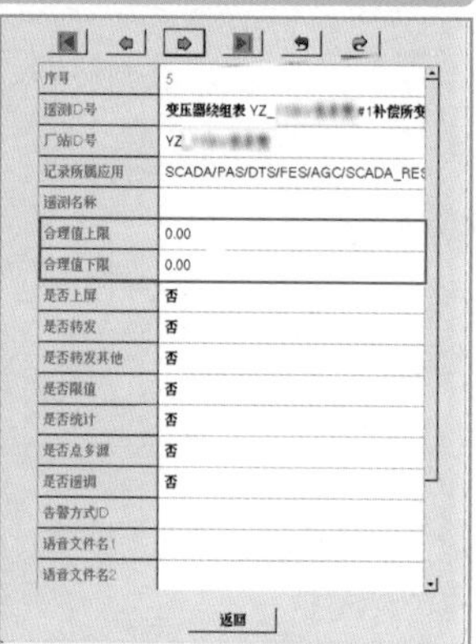

序号	5
遥测ID号	变压器绕组表 YZ_ #1补偿所变
厂站ID号	YZ_
记录所属应用	SCADA/PAS/DTS/FES/AGC/SCADA_RES
遥测名称	
合理值上限	0.00
合理值下限	0.00
是否上屏	否
是否转发	否
是否转发其他	否
是否限值	否
是否统计	否
是否点多源	否
是否遥调	否
告警方式ID	
语音文件名1	
语音文件名2	

返回

分析总结

√ 合理值这个功能经常被用来限制不合理遥测值的出现，对于保证某些重要数据的正确性避免受到遥测异常的干扰有很大的作用，但是这个功能也是把双刃剑，设置不合理会造成故障时遥测数值无法突破告警门槛值，从而导致系统不会提示告警，因此应慎重使用。本案例中母线相电压合理值设置不当，导致电压异常未正常发送至后台，延迟故障处理。凡是涉及告警定义的参数设置、阈值设定等维护，应在维护后及时通过模拟数据进行试验。

4. 阈值设置过大导致遥测数据不变化

故障现象

√ 某供电公司在对一个新建变电站进行投产前遥测对点时，发现存在部分实际加量数据有变化而主站画面对应数据不变化的现象。但是如果进行全站数据总召，主站画面数据就能发生对应变化。

故障排查思路

√ 数据总召时，主站画面遥测值能够发生对应变化，可以排除调度主站与厂站端之间的规约及遥测参数不匹配、通道故障以及画面数据链接错误等可能性。可以从以下两个方面查找故障原因：

(1) 当现场实际加量发生变化时，厂站端是否正确地发送变化遥测数据至主站端前置。

(2) 主站端前置系统是否会把收到的变化遥测值送到主站后台处理。

处理过程

√ 打开数据库 / FES / 前置遥测定义表，找到存在问题的遥测记录，发现“死区值”域设置为“0”。并且同一个数据不能通过数据变化上传但可以通过总召上传，可排除主站前置系统到主站后台传送存在问题的可能性。

√ 要求现场再次变化所加遥测量，同时打开通道报文监视工具 fes_rdisp 实时监视，发现现场实际变化遥测量后，主站前置机没有收到相应变化遥测的报文。确定是厂站设备存在问题。经查造成该问题的原因是现场厂家设置的阀值数据过大，导致变化较小的数据不会上传。现场厂家改变阈值后遥测数据上传正常。

分析总结

√ 阈值的设置必须按相关文件要求执行，不能任意设置。目前现场监控系统型号较多，厂家混杂，这就要求相关管理部门提前与厂家沟通，并严格把守验收关，使设备投运后能满足运行的要求。另外在主站端的数据库 / FES / 前置遥测定义表中，也有类似的功能可以设置即“死区值”（新的遥测值与旧的遥测值的差值如果小于死区值，则前置系统不把新值当变化数据送到 SCADA），该值一般设置为“0”，即主站系统不启用，如有需求应谨慎使用，以免造成该遥测数据不刷新。

5. 遥信状态错误导致变压器无法进行调档操作

故障现象

√ 某供电公司在对一个新建 A 变电站进行投产前遥控对点时，发现在对 #1 变压器进行调档预置时，出现“设备工况退出，不可控”的提示，调档操作无法正常进行，但该变电站其他开关、刀闸等设备均可正常遥控，并且在变电站监控系统后台机上可进行调档操作。

故障排查思路

√ 该变电站开关、刀闸等设备能正常遥控，可以排除调度主站与厂站端之间规约及遥控参数匹配的问题。变电站监控系统后台机能正常遥控，可以排除测控装置故障的可能性。可以从以下三方面查找故障原因：

(1) 该遥控点号是否填写正确。

(2) 在档位遥信关系表中是否已经添加对应的记录。

(3) 与调档操作相关记录的遥信状态是否正常。

处理过程

√ 打开通道报文监视工具 fes_rdisp，对该变压器进行调档操作，发现无遥控预置报文下发。打开数据库，在设备类 -> 断路器信息表中找到该主变调档相关记录（一般如“XX 主变分接头升 / 降”“XX 主变分接头急停”），查看该条记录的遥信状态，发现是“工况退出”状态，将其修改成“正常”并保存后，再次进行主变调档操作，故障消除，可正常进行调档操作。

分析总结

√ 在进行变压器调档故障的案例中，除了考虑常见遥控故障的可能性外，还需要关注以下两点:

(1) 档位遥信关系表中是否已经添加对应记录;

(2) 与调档操作相关记录的遥信状态是否正常。

特别是第二点，因为该记录对应的并非实际运行的一次设备，无前置遥信点号，所以其遥信状态默认为工况退出状态且不会变化，必须通过手工编辑修改其为“正常”状态，方可进行调档操作。

6. 双位置遥信错误导致一次设备遥信状态不正常

故障现象

√ 某供电公司在对一个新建A变电站进行投产前遥信对点时，发现部分一次开关、刀闸设备在分位时遥信状态是坏数据，但是在合位时遥信状态显示正常。变电站监控系统后台机上显示正常。

故障排查思路

√ 变电站监控系统后台机能显示正常，可以排除测控装置故障的可能性。可以从以下两方面查找故障原因：

(1) 此设备对应的遥信在前置遥信定义表中是单点还是双点：若为单点，则在前置遥信定义表中该设备的辅助节点是否已删除；若为双点，则此设备对应的两个位置信息是否正确，即"一分一合"；

(2) 此设备的遥信值上传报文是单点遥信报文格式还是双点遥信格式，其质量标志位信息是否正常。

处理过程

√ 打开数据库 / FES / 前置遥信定义表，确认此设备对应的分、合遥信位置都分别有对应的点号上传。打开通道实时值监视工具fes_real，找到对应的遥信，发现现场设备在断开位置时，该设备的分、合两个位置信息上送值都是"分"。据此确认是现场上送的值有问题，经现场处理后，设备遥信状态恢复正常，故障消除。

分析总结

√ (1) 对于设备在前置遥信定义表中分合是一个点号的，应在该表中删除该遥信值的辅助节点。

(2) 对于设备在前置遥信定义表中分合是两个点号的，必须一个点号接收到是合闸，另外一个点号接收到是分闸才是正常的状态，否则就会出现坏数据这种情况。

7. 通讯厂站表中最大遥控数引起遥控失败

故障现象

√ 某供电公司在进行 A 变电站遥控试验时，发现一部分开关能遥控成功，另一部分开关遥控会出现遥控参数未定义告警。

故障排查思路

√ 遇到遥控故障时，应根据提示的故障信息进行具体分析检查，包括检查与遥控有关的数据表：遥控关系表、通讯厂站表、各种规约表等，还包括检查与遥控有关的设置：操作员权限、责任区、系统管理的遥控参数、画面挂牌等设置。

处理过程

√ 由于 A 变电站有一部分开关可以遥控，可以排除权限、责任区、遥控参数等设置问题，检查遥控关系表正常，检查通讯厂站表发现最大遥控数仅 64 个，而 A 变电站有 200 多个遥控点，进一步检查凡是遥控序号大于 64 的开关进行遥控时均提示遥控参数未定义的告警。修改通讯厂站表中最大遥控数为“300”，故障消除。

分析总结

√ 通讯厂站表中有几个域，如最大遥控数、最大遥信数、最大遥测数等在进行系统维护时必须引起重视，因为这些最大数决定了系统处理遥测、遥信、遥控记录的数量，如果变压器绕组表、交流线段表、负荷表等数据表触发生成的遥测记录超过了最大遥测数，则前置数据采集时仅处理遥测点号在最大遥测数范围内的遥测信息，超过最大数的记录将不做处理，这样就会产生本案例类似的故障：一部分遥测数据正常，另一部分遥测数据刷新不变化。

8. 责任区划分错误引起无法遥控

故障现象

√ 某供电公司新投产一个220kV变电站，在投产前信息联调时可以用监控用户账号对其进行遥控试验，投产当日，监控人员对该变电站电容器断路器进行遥控操作时，发现菜单中遥控选项是灰色的，无法进行遥控操作，但是对其他变电站可以正常进行遥控操作，如下：

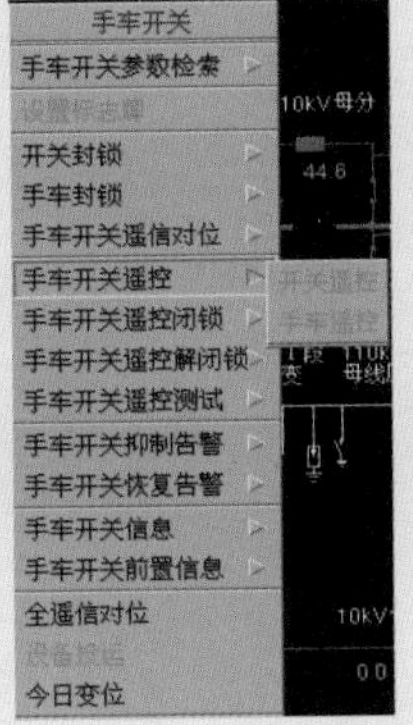

菜单栏中开关遥控选项为灰色

故障排查思路

√ 其它变电站能正常进行遥控操作可排除系统遥控功能的问题，对该变电站进行遥控操作时，菜单遥控选项为灰色说明系统不许可当前监控用户对该变电站进行操作，有条件的话可以使用具有全系统责任区权限的管理员账号查看，如果管理员账号可调出遥控操作界面，说明该变电站责任区划分可能有问题。

处理过程

√ 打开责任区管理工具resp_manager，检查该220kV变电站的责任区和责任区下的所属设备，发现该变电站电容器设备被错误划分至另一个责任区，修正责任区后，故障消失。

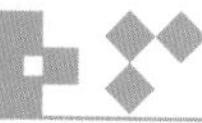

分析总结

√ 这是个典型的责任区划分错误的案例，通过总控台登录后，监控用户账号只接收本责任区范围内厂站的告警等信息，也只能操作本责任区范围内厂站的设备。当厂站设备被误划出本责任区时，对应监控用户账号将无权对其设备进行操作。

9. 通道误码导致厂站通道频繁投退

故障现象

√ 某供电公司一个新厂站投产前通道调试时，发现新厂站的常规串口通道中有一个通道频繁出现投退现象。

故障排查思路

√ 厂站通道在一定时间内收不到通道报文或者收到的通道报文误码太多时，系统会判断该通道故障，因此，对于此类故障需检查主站与厂站端的通道报文，同时检查前置通道参数中的统计周期和故障阈值。

处理过程

√ 检查通道报文发现新厂站的通道误码率较高，继续检查该通道的前置通道参数，发现统计周期设定为 5 秒，故障阈值设定为 70%，由于系统判通道故障的时间设定过短，故障阈值设定过高，加上通道存在误码，导致厂站通道频繁出现投退情况，修改统计周期为 30 秒，故障阈值设定为 30%，并通知通信部门检查通道状况，采取措施降低通道误码，故障消除。

分析总结

√ 前置通道参数设置是否合理直接关系到厂站通道的正常运行，由于实际运行中通道误码不可避免，因此，在消除通道误码前，合理设置系统判通道故障的时间，适当降低故障阈值，可以避免系统频繁出现通道投退告警。

10. 公共信息体地址数导致调度主站总召唤失败

故障现象

√ 某供电公司新投变电站在 104 通道调试时，发现该变电站的遥信、遥测数据上送正常，但调度主站无法对该变电站进行数据召唤。

故障排查思路

√ 变电站至调度主站变化数据上送正常，表明变电站与调度主站之间的 IEC 104 规约通信正常，但数据总召唤不成功，故需要核查主站端、厂站端的 ASDU 地址是否匹配。

处理过程

√ 打开通道报文监视工具 fes_rdisp，对故障变电站执行全数据召唤，查看有关报文如下：

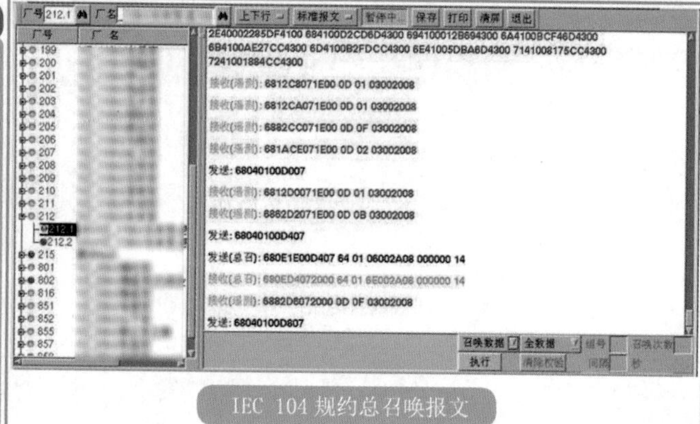

IEC 104 规约总召唤报文

处理过程

√ 从图上可以看到调度主站发出总召唤报文为“680E1E00D407 64 01 06002A08 000000 14”，其中“2A08”为公共信息体地址（即十进制 2090）。从厂站端上送的遥测报文来分析，“6882D6072000 0D 01 03002008”中 2008 为信息体地址（即十进制 2080）。可以看出由于主站端和厂站端的信息体地址数不对应，造成主站总召唤失败。通知厂站端维护人员将变电站远动机的公共信息体地址数改为 2A08（即 ASDU 地址改为 十进制 2090），再次进行全数据召唤，故障消除。

分析总结

√ 规约报文分析是个非常有效的手段，在故障排查时可以通过报文分析诊断故障所在，进而解决问题。自动化系统运维人员应该熟练掌握规约解读这项技能，这会为处理各种故障带来很大的便利。

附录　书中常用不规范术语与规范术语对照表

序号	不规范术语	规范术语
1	主变	主变压器
2	压变	电压互感器
3	接地刀闸（地刀）	接地开关
4	开关	断路器
5	刀闸（闸刀）	隔离开关
6	通讯厂站	通信厂站
7	档位	挡位